中国建筑工业出版社

教育空间的教育意义

Educational Significance of Educational Space

张应鹏 著

中国建筑工业出版社

教育建筑的
教育意义

事实上，我是以反思与批判的姿态进入教育建筑的建筑设计的。在多年的思考与实践中，对应试教育的反思与批判已逐渐成为我在教育建筑中的主要设计方法，并因此形成了某种与之对应的空间特征。

应试教育强调课堂教育。中国的教育尤其是中小学教育，都是以固定班级为主，所有普通教室就是所有班级的固定教室。小学6轨36个班就有对应的36个普通教室，中学10轨30个班就有30个对应的普通教室。普通教室是校园中最普通但也最重要的功能空间，所以大多数普通教室都处于校园中最核心的位置。普通教室在校园中的位置最能直接反映出这所学校的教学方法与教育态度，苏州湾实验小学的普通教室就不在校园的中心区域，而是偏离在校园的最西侧，校园东侧是运动场，紧邻运动场的是大报告厅、风雨球场以及美术教室等文体空间。最重要的核心部位是三个没有具体功能的中庭和开放与半开放的院落，中庭周围是和素质教育有关的专业教室，中庭上方是图书馆、合班教室及多功能厅。杭州师范大学附属湖州鹤和小学的空间态度是在剖面的垂直方向中完成的。鹤和小学中的主要普通教室布置在离地面较远的三、四层平面中，而一、二层相对方便的空间中，大多是没有具体功能的架空空间及与素质教育相关的舞蹈教室、音乐教室、美术教室、计算机教室等专业教室和图书馆等。

空间的位置决定空间的地位，苏州湾实验小学和湖州鹤和小学的设计都是通过位置上的优先在空间上主张了素质教育优先。

整个学校就是一幢建筑，这是苏州湾实验小学和湖州鹤和小学在空间上的另一个共同特征。相对于简单的平面形式，我更喜欢复杂的空间组合，和组团分区、行列式布局的传统校园空间相比，我更倾向于相对集中的"教学综合体"。空间不只是解决问题，解决问题只是建筑设计中技术层面的工程问题，更重要的还有空间品质与空间态度。记得有一次学术活动上有人问我说，你同时学过工科和文科，你能简单地描述一下工科与文科最根本的区别是什么？我说工科目标主要是解决问题并强调效率，因此方法越简单越直接越好，而文科更倾向于启发与批判，人文学科不排斥多义性与复杂性。这就像苏州园林里的"桥"与"径"，如果仅仅是以功能前提，以到达为目的，则越直、越短则越有效，而实际上园林中更多的是曲桥与曲径。苏州园林是典型的人文空间，人文空间中，体验超越使用，过程比目标更有意义！耦园住佳偶，城"曲"（才）筑诗城。

建筑从来都不应该只是一个被动的被简单使用的物理空间（不只是苏州园林），建筑是在被使用过程中，空间与人所共同形成的多义性场所。

空间复合则空间复杂，空间复杂则路径也会随之复杂。记得鹤和小学钟琴英校长有次说，学校刚开始投入使用的时候，因为没有明确的流线与路径，老师们不知道怎么引导孩子们从西侧的教室去向东侧的运动场，学校为此还做了一个测试游戏，让孩子们自主选择各自喜欢的行走路径，然后老师们在旁边观察记录。很有意思的是孩子们会有各种不同的选择，而且大多数还会有意挑选那些不规则、不直接的路线。

片断的知识不构成能力，能力主要是对知识的链接与重构。重要的不是知识，重要的是能力。人是这样，空间也是这样。重要的不是简单地拥有多少具体的空间，而是有限的空间可以在各个向度上的多重组合方式。教育是一件很复杂的事，因为人是很复杂的。简单的空间容易解决简单的问题，复杂的空间能面对更多更不确定的问题。

这并不是说我一定就反对用简单的方法解决复杂的问题，因为我同时知道简单其实是一件非常不简单的事！

对素质教育的鼓励还表现在非功能空间的应用中。功能空间重要，非功能空间同样重要，课堂学习重要，课外活动也同样重要。非功能空间并不是没有用的空间。江苏省黄埭中学是一个改扩建项目，其中有需要保留建筑，有需要改建修复的建筑，有需要拆除的建筑，还有需要补充新建的建筑。项目任务书也非常清晰，有吃饭的食堂，有睡觉的宿舍，有上课的教室，包括图书馆、报告厅、办公室等，所有必须配备的功能一应俱全。但这同时也是一份及其功能（利）主义的项目任务书，没有任何"多余"的空间。这种功能主义的潜在前提就是：学校是用来读书的（尤其是高中），学习是为了考试，吃饭、睡觉也都是为了考试。设计中我额外增加了4000多平方米的"多余的空间"，表面上看这4000多平方米开放与半开放的连廊，只是把原本各自独立的新老建筑连成了一个整体，但实际上的意义要比这大得多。这并不是一个简单的物理空间上的风雨走廊，而是在对行为与路径的分析与研究中重新建构了一种新的校园文化。这里是走道空间，这里也是展示空间，这里可以是交往空间，这里还可以是等候空间。有时候没有用的才是最有用的，交往与自我发现也是成长的重要组成部分。

教育建筑不只是满足某种应试前提下的教学功能，而是激发活力并伴随成长。

食堂与运动场是校园中两个重要功能，也是校园空间中两个最不受待见的功能场所。食堂属于后勤配套项目，厨房做饭有味道，餐厅吃饭也有味道，食物与垃圾进出还需要专门的运输通道。因此，为了不影响整体环境，大多数食堂都布置在校园中某个相对偏僻的角落。运动场的位置也很尴尬，要不就偏在主体建筑的一侧，或干脆远离教学区，因为运动场运动产生的噪声会影响教学区的教学。

食堂的建筑面积是和学生的数量对应的，规模都不小，但一天最多也只用三次，如果没有寄宿学生的话一天就只有中午午饭一次。在使用面积从来就很紧张的校园空间设计中，我直接将食堂上升到功能更加多元的学生活动中心，这不仅仅是在经济上提高了校园空间的使用效率，最重要的是功能性质上的变化。食堂是后勤配套项目，属于辅助空间，而学生活动中心就是最重要的校园公共空间。公共空间就有公共空间的品质需求，还有公共空间所应有的核心位置。所以，我设计的校园建筑中，食堂都在重要的位置上，有的位于校园中间，有的紧邻校园主入口，都有开敞的空间和明亮的光线，吃饭只是日常活动中的一部分而已，甚至吃饭也演变成为日常交往的行为媒介。位于入口处的餐厅除了兼用手工活动等日常教学外，还是中小学放学时候学生或家长们的临时等候空间。

城市规模越来越大，学校越盖越多，学校的用地空间也越来越紧张。作为校园空间中最大的室外空间，运动场只是在上体育课时才能派上用场。被边缘化的运动场没有融入校园空间的日常使用之中。在苏州工业园区职业技术学院独墅湖新校区中，我第一次提出了从运动场到"运动广场"的概念。运动场只是上体育课时的运动场所，而广场包含并组织日常生活，运动广场中运动只是日常生活的重要组成部分。南京河西九年一贯制学校用地更加紧张，还不甚合理，没有入口广场，也没有礼仪广场，所有建筑围绕运动场展开，运动场既是体育课的运动场所也是校园真正的生活核心。南京六合高中的改扩建是一次顺势而为巧合。和大多数学校一样，原六合高中的运动场位于原教学区东侧校园用地的边缘。此次改扩建的主要内容就是拆除这一组教学楼并重新设计建设。运动场在教学区边缘似乎是约定俗成的基本定式，原改扩建方案中新建的教学楼还是保留在原有教学楼的位置。由于基本建设不可能在一个假期内完成，学校的日常教学还要正常进行，学校中也没有其他足够的多余场所，所以原方案采用的是拆一栋建一栋、边拆除边建设的非常复杂的局部腾挪的建设方案。这样建设周期就非常长，计划至少是5～6年（江苏省黄埭中学也是差不多6年）完成，而且过程中施工与日常教学的相互干扰也非常严重。我们的方案是利用东侧的运动场一次

性建设新建的教学楼，这样既不影响现有教学区的日常教学，还可以方便地下室的整体开挖，缩短了建设工期还大大提高了核心城区的土地使用效率。校园建成完成后，原核心教学区部分用地转换成为新校园核心区的运动广场。新建教学楼位于校园东侧，面朝运动场的西立面是教学楼中各功能之间的主要通道，加宽的走道与逐层退台的阳台以看台的方式在行为与视线上进一步加强了运动广场的定义。我喜欢广场，喜欢广场上运动的活力，这是校园文化最重要的组成部分。

以问题为导向的解决方案，表面上看是在解决问题，实际上是在回避问题。确实，气味是食堂的缺点，声音运动场的缺点。重要的不是有没有缺点，所有的事情都有缺点，重要的是有没有特点！甚至是如何通过设计将缺点转化为特点。这才是真正教育学上的意义。对人是这样，对建筑也是这样。

家长接送是中国中小学一个普遍现象，也已经成为中小学校园入口处的普遍问题。外部往往没有足够的空间退让，家长的等候空间很不友好，入口有广场，但更倾向于视觉上与心理上的某种礼仪性广场，学生们的等候空间也不友好，广场还被围墙封闭在校园内部，无法参与到外部的接送空间中，接送边界成为城市与学校互相推卸责任的场所。苏州湾实验小学就没有入口广场，而是内置了一条宽18m贯穿南北的"道路"，这条"道路"实际上是一个南北长200m家长接送空间。"道路"南北围墙处各有一个可以管理的出入口，在接送时由北向南单向开放，接送车辆可以穿行而过，上空的连接和两侧的部分架空空间也是接送等待时遮风避雨的场所，"道路"两侧是门厅、餐厅、舞蹈教室及美术教室等公共教学空间，透过底层的落地玻璃可以看到校园内部的活动场景。等待不再是一个消极的被动行为，原本消极的接送空间转换成为一个积极友好的互动界面。在扬州梅岭小学花都汇校区，这一友好的互动的界面从瞬时可开放的内部空间直接发展为对外开放的城市界面。梅岭小学的主入口没有了"围墙"，校园围合的物理界面在北侧（主入口侧）和建筑主体底层后退的落地玻璃融为一体。外部后退8米两层通高的架空空间既是接送时的等候空间，也是校园对外开放的文化展廊。学校没有传统意义上的入口广场，入口处的后退空间和用地范围外的城市空间一起共同形成了更加积极开放的外部空间。

接送问题本质上是一个社会问题，也是一个校园围墙之外的社会问题。但对更广泛意义上社会问题的关注，本质上也是更广泛意义上的教育学问题！

文章引自出版书籍《非功能空间与空间的非功能性》张应鹏 著

目录

教育建筑的教育意义 2

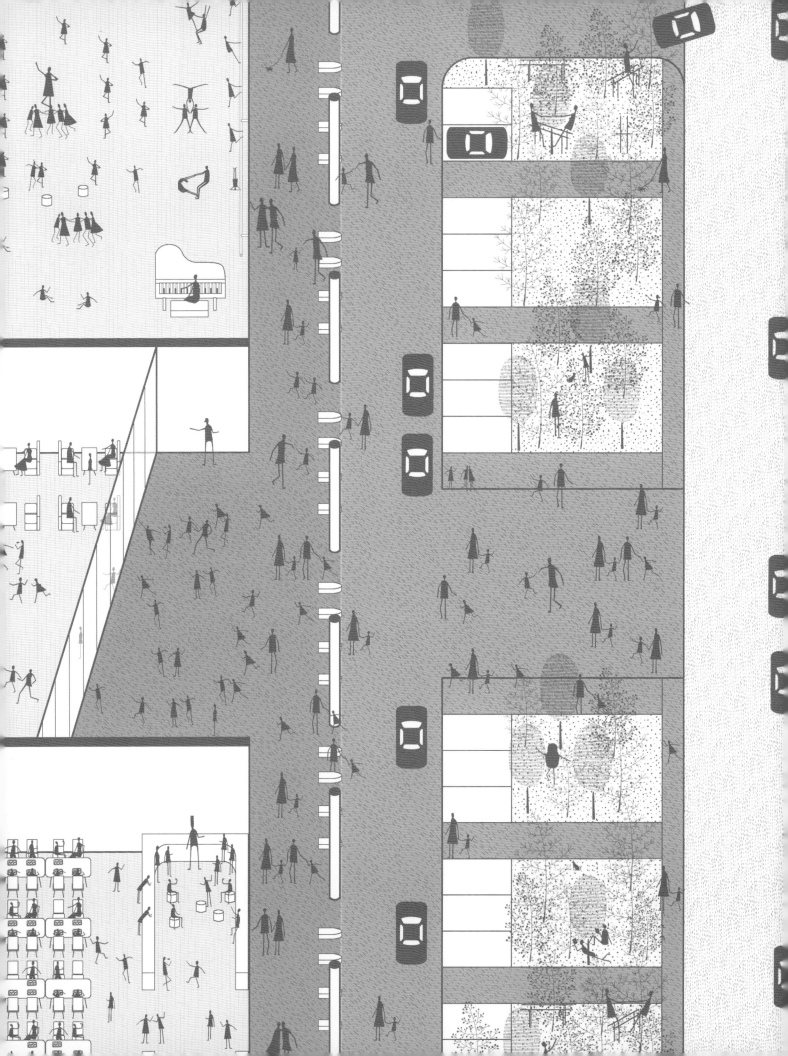

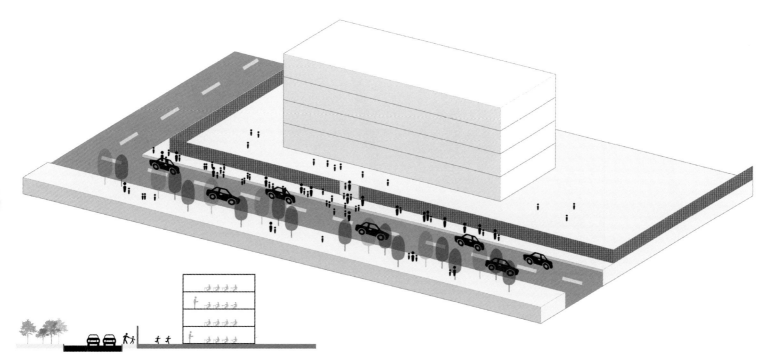

内外清晰的接送场地

传统校园入口空间

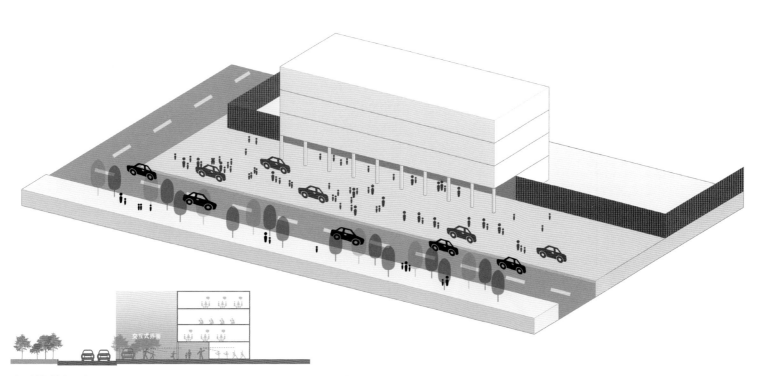

边界模糊的交互式界面

7

1-1

苏州湾实验小学
及幼儿园

Suzhou Bay Experimental Primary School and Kindergarten

在苏州湾实验小学及幼儿园的设计中，入口位置并没有设置很大的广场，而是将原本应该在城市和学校之间的接送边界转化为学校的内部空间，把接送时城市道路所造成的拥堵压力通过内部空间释放。

我们预设了一个很有意思的接送状态，类似于快餐品牌麦当劳车道点餐，具体名字叫"得来速"(Drive-through)。在建筑中内置了一条 8m 宽贯穿南北的"街道"，我们又称其为"师生街"。这条"街道"隐藏着一个南北200m长的家长接送与等待的空间。"街道"南北围墙处各有一个可以

管理的出入口，在接送时由北向南单向开放，接送车辆很快开进去将孩子放下后再很快离开。上空的连接和两侧的部分架空空间在上部保证了东西空间的连续性，在下部自然形成接送等待时遮风避雨的场所。

"街道"两侧是门厅、餐厅、舞蹈教室及美术教室等公共空间与特殊教学空间，透过底层的落地玻璃可以看到校园内部的活动场景。步行接送孩子的家长，进入这个通廊之后，可以在这些开放空间里等待，同时可以观赏旁边的公共教学空间里孩子们的活动，接送不再只有消极的等待。

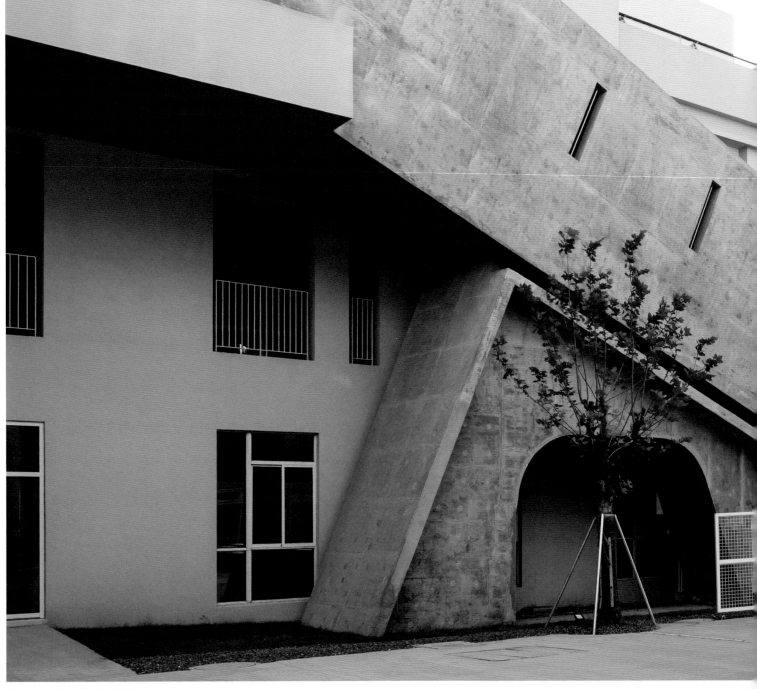

可限时对城市开放的校园内部公共"街道"

师生街轴测

从舞台教室走向"街道"

贯穿校园的师生街

扬州市梅岭小学
花都汇校区

Yangzhou Meiling Primary School
(Huaduhui Campus)

13

扬州市梅岭小学花都汇校区是一座真正"没有"围墙的小学。主入口没有了"围墙",而是围墙与建筑结合,将原本属于校园的内部空间释放给城市,与红线外的城市空间相结合,形成了一个公共的,可以供接送使用的城市公园。

学校采用"L"形布局,北侧主入口是设计的重点,此处用地红线上没设围墙,建筑后退之后,在一、二层形成架空,宽度约8m。一层空间偏西处是入口门厅,门厅西侧是图书馆及和图书馆结合布置的学生社团活动中心,门厅的东侧是餐厅、游泳馆及舞蹈教室。架空处一楼的对外界面是落地固定安装的安全防爆玻璃,只在安全防护高度以上才有必要的开启窗户。校园北侧的"围墙"实际就是这架空层中继续后退的玻璃幕墙。因为中间的地界红线上没有围墙,红线内原有后退的但权属上属于校园的空间与红线外部和城市道路之间预留的城市空间连接在一起,为上学与放学期间的接送及日常城市活动提

供了一个更加完整的公共开放空间。

玻璃幕墙内部的门厅、餐厅及图书馆成为接送时学生们的临时等待与缓冲空间,幕墙外部的架空空间成为雨雪天气时的等候空间,而校园里的游泳馆、舞蹈教室、教室内的教学活动,包括玻璃上可以不断变换的临时陈列,成为将校园生活与文化展示给外部公共空间的一道风景。

交互式界面

向城市公园开放的北立面

舞蹈教室,外部空间为东侧架空连廊

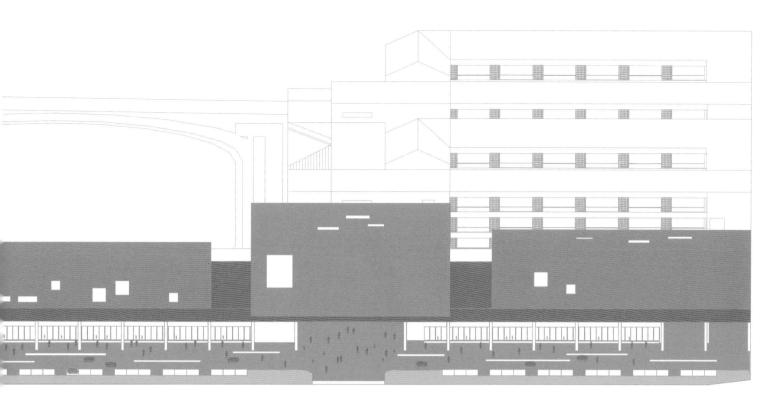

向城市开放的北侧入口

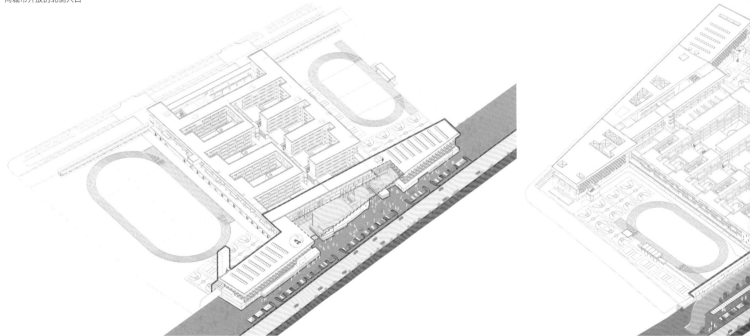

北侧交互式界面

南侧交互式界面

临河的长廊与图书馆

苏州大学高邮实验学校的入口处没有采用传统校园那种宽大的礼仪性入口广场。取消围墙后，入口处的后退空间和用地范围外的城市空间一起，共同形成了更加积极开放的外部空间。

北侧入口在一个大屋顶下形成了丰富的空间，以一种开放的姿态融入城市。北侧架空处一楼的对外界面也是以安全防爆的落地玻璃为主，只在安全防护高度以上才有必要的开启窗户。校园北侧的"围墙"实际就是这架空层下的落地玻璃窗。玻璃窗内部的门厅、餐厅及舞蹈教室，成为放学时学生们的临时等待空间，玻璃窗外部的架空空间成为雨雪天气时的等候空间。同样，作为校园重要的文化窗口，空间内的教学活动，包括玻璃上不断变换的临时陈列，成为展示给外部公共空间的一道风景。原本冷漠的学校围墙转变为丰富友好的交互式界面，同时体现

了对家长和学生的人性关怀。

南侧入口利用河道天然分隔校内校外，临河是阳光充足的长廊与图书馆，河对岸是接送车辆的临时停车场。校门口的停车场有效缓解了城市交通的压力，为家长提供了等待空间。中小学学生分别通过一座桥进入校园的架空走廊，进入学校即风雨无阻。加高的首层空间令沿河长廊尺度宜人，布有圆形及方形景窗的墙面以双廊的结构形式同时应对校内及校外，廊子的一排柱子消解在墙体内。面对校外一侧的廊子顶面局部镂空，镂空顶面的下部空间种植绿化，绿化边设置休息坐凳。这个长廊既是图书馆阅读空间外溢的读书廊，也是学生课余活动的休息廊，又是学生放学等待家长的等候长廊。同学们在长廊下等待或读书学习的动态场景，与建筑一起，形成一道生机勃勃的城市风景线。

星海小学星汉街校区位于苏州工业园区，在金鸡湖西侧东方之门附近的湖左岸小区西侧的入口边。小区入口本就十分拥堵，而用地又是非常紧张。为了能相对缓解早晚上学与放学时的交通压力，所有车行接送都置于地下，与地下下沉庭院相结合。取消原本应该沿用地红线而建设的围墙，将校园北侧空间的建筑外墙与围墙相结合，将后退部分的空间与外部的城市空间融为一体并作为步行入口，使得接送空间得以优化。建筑北侧的一层架空处，是落地安全玻璃，它既是分隔内外的安全界面，也是内外通透的交互式界面。沿着这个"开放"的界面，中间布置的是入口门厅，西侧布置的是学生餐厅，东侧布置的是图书馆。

可以遮风避雨的架空处成为校区入口处可以停留、可以休息的"额外"空间，而通透的落地玻璃也让校内的公共空间成为城市空间中一道美丽的风景。这种巧妙隐藏围墙的设计，打破了校园空间与外部空间之间的明确分界。将校园生活作为日常生活的组成部分，不仅丰富了城市空间，也同时丰富了城市文化！由此，校园入口空间同时成为附近湖左岸小区入口处的除接送时段之外的全天候开放场所。

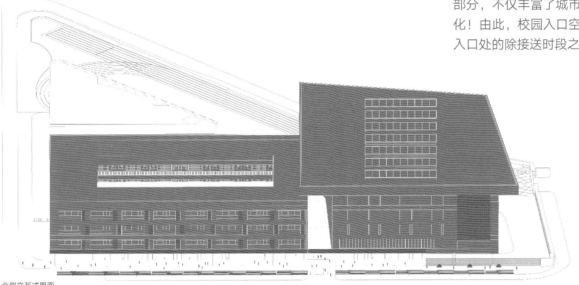

北侧交互式界面

夜色中可视的校园空间

北侧步行接送入口

晨曦中开放的接送广场与街角公园

南通市能达中学的入口空间同样是将建筑与围墙相结合，通过红线内的适当后退，将内部部分空间释放给城市。红线内释放出的空间和红线外的城市绿地一起形成了一处开放广场和街角公园，既是接送时段瞬时集中人流的重要缓冲空间，也是学校与家长之间可以良好互动的开放场所。而在周末或节假日，这一完全开放的空间还是特别友好的城市公园。

主入口一侧水平向的架空空间和垂直伸出的连廊，通过围合昭示着入口欢迎的姿态，家长们可以在这里停留等待或相互交流。入口处同样是大片的安全落地玻璃，正对学校的公共通廊，可以清楚地看到内部老师与同学们的活动。

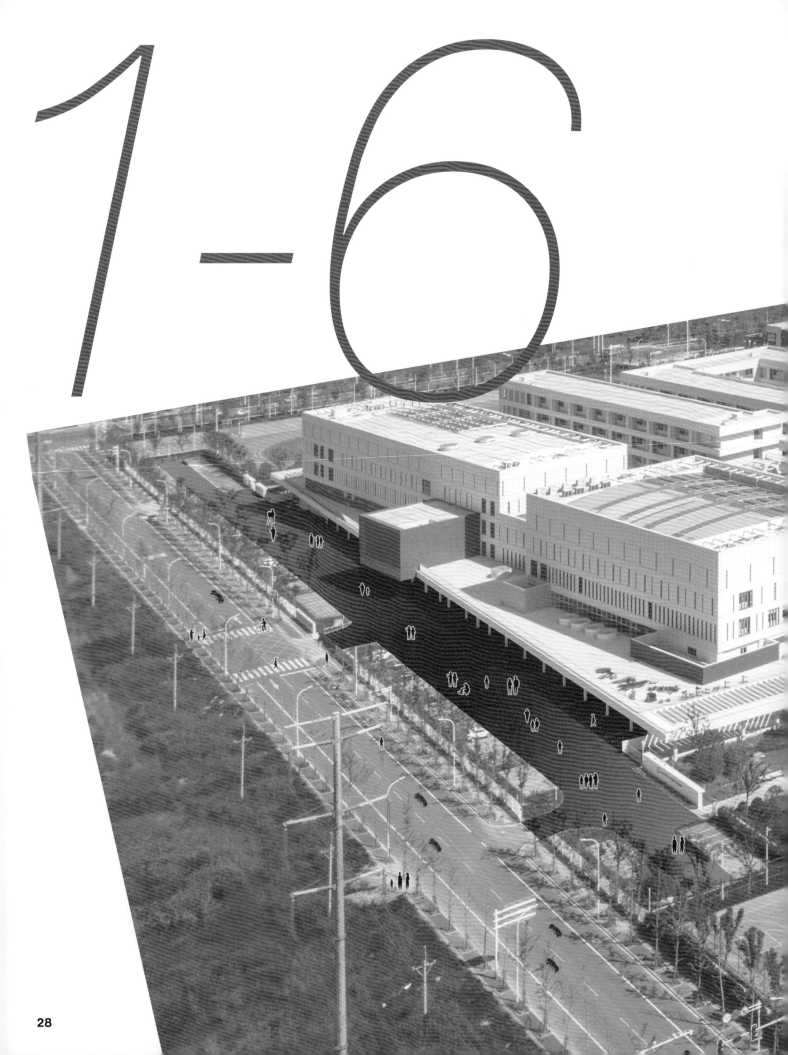

南通市海门区东洲国际学校长江路校区

Nantong Haimen District Dongzhou International School (Changjiang Road Campus)

南通市海门区东洲国际学校入口也没有传统意义上的广场，通过建筑在红线内退让后，直接将建筑的外墙作为了校园的围墙。这所学校的主入口在北侧，设计中在北侧留出一长条形用地，作为上下学的接送空间，同时广场上设置了可供家长接送时使用的临时机动车停车场。北侧设置了一条相对独立的车行接送路径，接送车辆从西侧进入，东侧出去，通长的广场非常方便，也非常迅速。同时还做到了人车完全分流。有效地缓解了学校接送时段，接送车辆对城市交通所造成的压力。

整个北侧建筑一层架空，围墙也是将安全玻璃作为安全界面，内退在架空连廊之后，与建筑界面合二为一。玻璃围墙的后面布置的是餐厅、门厅等校园公共空间。架空的通廊是家长接送时的等待空间，也是公共展廊。

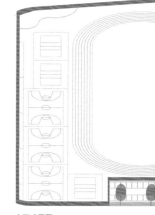

交互式界面

接送广场鸟瞰

向城市开放的校园入口

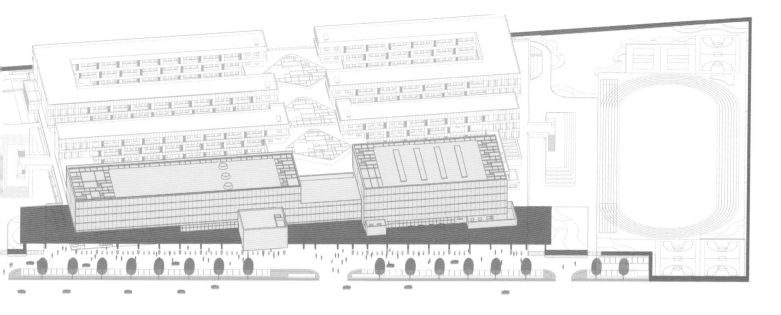

用餐时段

非用餐时段

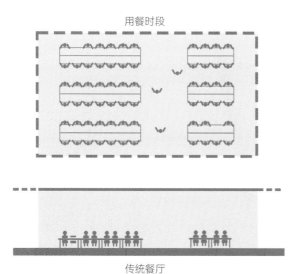

传统餐厅

无人使用

传统学校的餐厅

用餐时段

非用餐时段

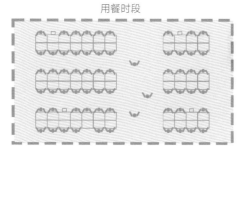

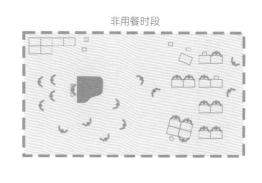

可活动家具

餐厅

活动中心、自习室、家长等待区

我们的餐厅

2-1

扬州市梅岭小学整体呈 L 形，北侧主要布置了素质教育的空间，并同时作为面向北侧城市道路的空间界面。学校的餐厅就位于北侧入口门厅的东侧，即综合楼的一层和二层。餐厅在校园"围墙"，同时也是建筑外墙的落地安全玻璃之内。落地玻璃之外是架高两层、宽度8m的公共走廊。餐厅提供了中午的就餐空间，同时可兼作手工活动或厨艺课程等日常教学空间；在放学时分，也作为学生的临时等待空间。餐厅空间是吃饭空间，也是孩子们的交往空间。

通过架空走廊，外面的家长在城市空间里可以看到孩子们在餐厅里的活动，餐厅里活动的孩子们变成了一道城市风景。同时餐厅的内部环境也坦然地展露在家长眼前，成为家长监督校园食堂卫生的一扇窗口。在餐厅内部，等待的同学可以看到在公共走廊下、公园里，过来接送的家长或休闲的活动。重要的位置、明亮的空间、多义的功能定位，因此餐厅成为更为积极开放的多功能空间。

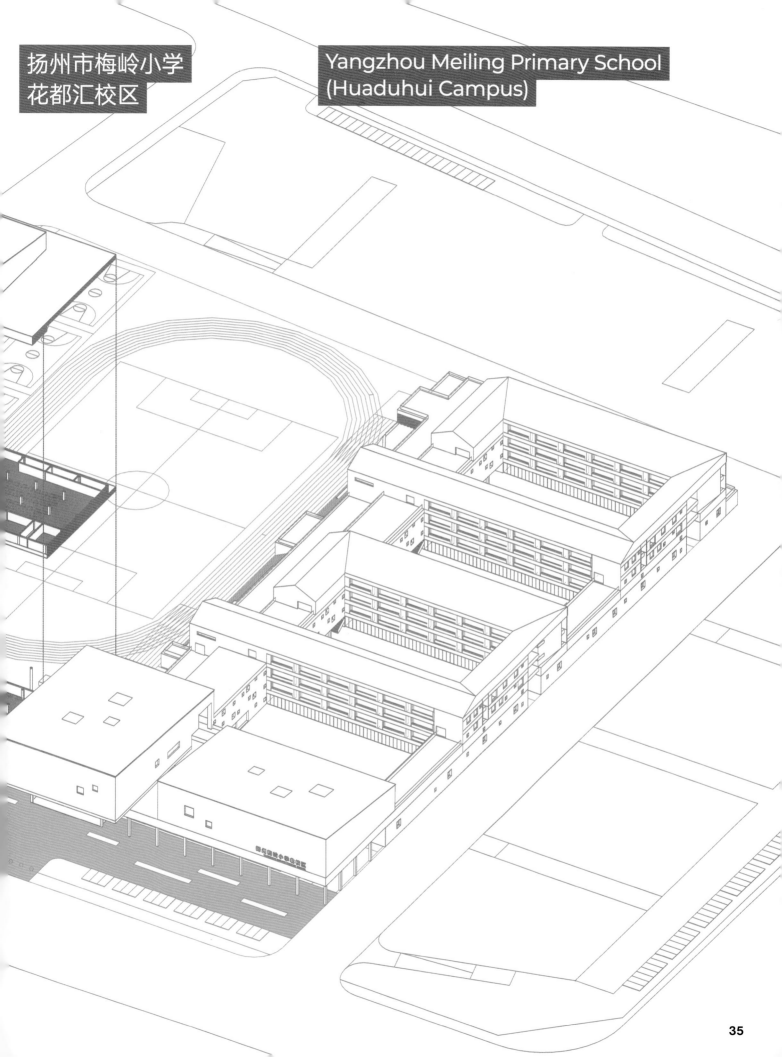

扬州市梅岭小学
花都汇校区

Yangzhou Meiling Primary School
(Huaduhui Campus)

城市公园旁的校园餐厅

扬州市梅岭小学 花都汇校区
YANGZHOU MEILING PRIMARY SCHOOL HUADUHUI CAMPUS

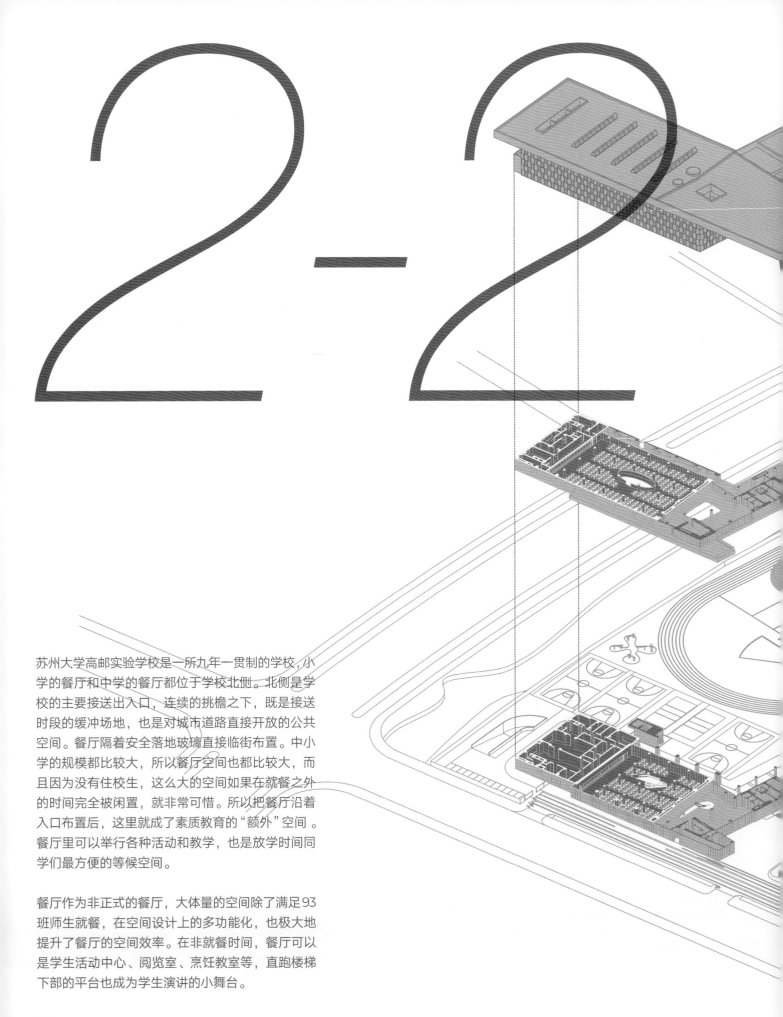

苏州大学高邮实验学校是一所九年一贯制的学校，小学的餐厅和中学的餐厅都位于学校北侧。北侧是学校的主要接送出入口，连续的挑檐之下，既是接送时段的缓冲场地，也是对城市道路直接开放的公共空间。餐厅隔着安全落地玻璃直接临街布置。中小学的规模都比较大，所以餐厅空间也都比较大，而且因为没有住校生，这么大的空间如果在就餐之外的时间完全被闲置，就非常可惜。所以把餐厅沿着入口布置后，这里就成了素质教育的"额外"空间。餐厅里可以举行各种活动和教学，也是放学时间同学们最方便的等候空间。

餐厅作为非正式的餐厅，大体量的空间除了满足93班师生就餐，在空间设计上的多功能化，也极大地提升了餐厅的空间效率。在非就餐时间，餐厅可以是学生活动中心、阅览室、烹饪教室等，直跑楼梯下部的平台也成为学生演讲的小舞台。

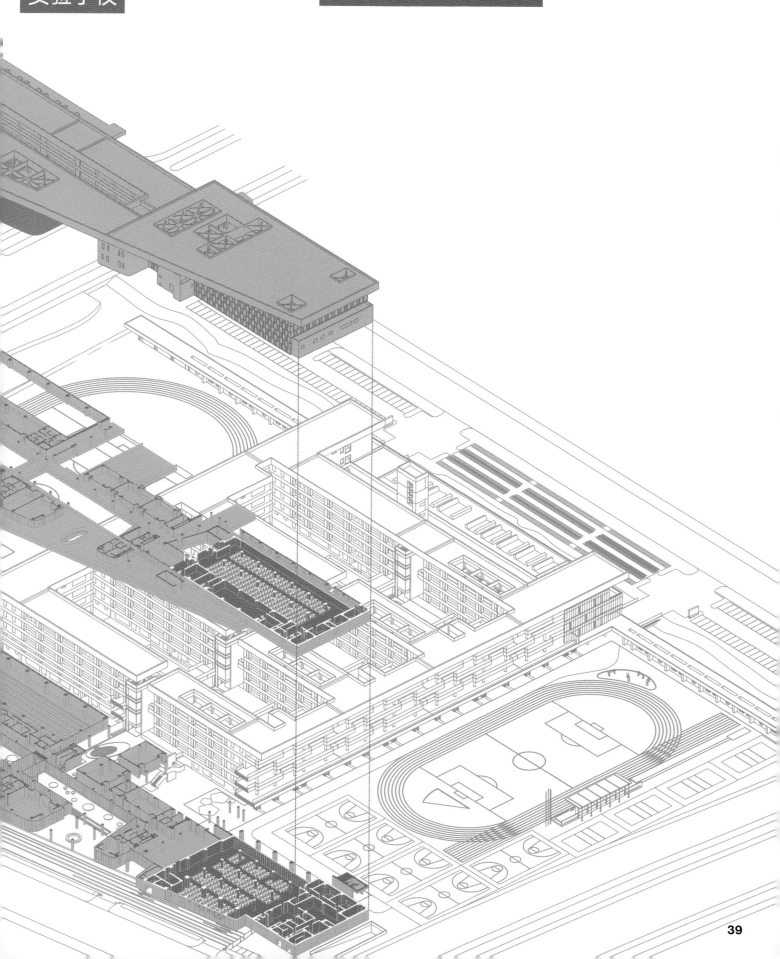

桌椅的选择可能与教育部门的采购对接不够。应该是可以分开的普通桌椅！

2-3

南通市能达中学的食堂与体育馆是位于西侧运动场地中间的一幢综合性建筑，底部两层为食堂，上部为风雨球场与乒乓球室。这座综合的建筑位于整个校园的几何中心与景观中心，垂直连接学校的公共游廊，南北两侧是开阔的校园运动场。建筑形态简洁完整，两相交叠的弧形挑檐，留下一个通向西侧的虚空，干净简洁的线条代表着力量与朴实，形成面向西侧城市道路的标志性形象。

将食堂和体育馆组合放置在整个校园最为核心的位置，潜意识里表达了对于生命本质的理解与感悟：民以食为天，生命在于运动。体育馆位于校园核心且便于到达，强化了运动的方便性与日常性；食堂不再是弥漫着各种混合气味的"辅助"之所，而是南北都有宽敞的空间与丰富的活力，充满阳光与朝气。

以良好的环境为前提，吃饭不再只是为了填饱肚子的简单任务，而是追求美味与美色的同时，品鉴与欣赏。由此，食堂也从单一的就餐功能上升到了重要的学习与交往场所。从经济性上讲，还大大提高了空间的使用效率。食堂周围还有一圈架空走廊与周边的活动场地交错融合，既是外部活动空间的休憩场所，也是内部餐厅向外扩展的户外空间。

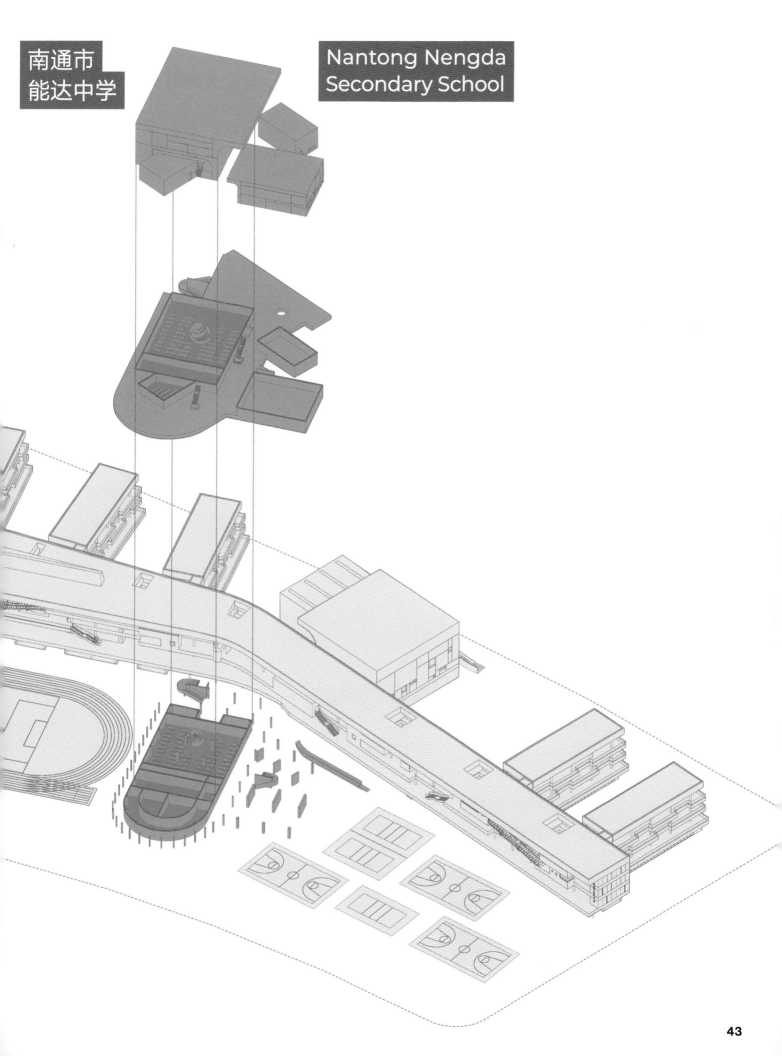

餐厅底层柱廊面向操场

与体育馆一体的餐厅

华东师范大学附属常州西太湖学校的校园规模比较大，是一所包含全年龄段基础教育的K12学校。校园内有学生公寓，也有教师公寓，因此餐厅的规模与位置都很重要。为了方便使用与管理，餐厅分为两部分，分别位于核心部位的艺体综合楼下方的东侧与西侧。

这样的布局同时带来了诸多好处：

一是这个位置位于南侧综合教学区与北侧教师与学生的生活区之间，与两边的连接都很方便，是餐厅在使用功能上的最佳位置。

二是和这个位置紧邻的北侧就是一条东西贯穿整个校园的、接送期间可以开放的接送通道，餐厅可以作为接送时段的等候空间，是接送时段瞬时人流过于集中时的必要补充和缓冲空间。

三是因为紧邻半开放的接送通道，餐厅与厨房的管理效果与卫生条件，可以直接接受家长与社会的监督，是面向"社会"的一扇重要窗口。

四是餐厅南北通透，有很好的自然通风与自然采光。这两项指标对餐厅与厨房都非常重要。

五是餐厅的上方是整个校园的艺体中心与学生活动中心，南侧是宽大的运动场。餐厅无论是在垂直方向上还是水平方向上都是校园共享活动空间的重要组成部分。

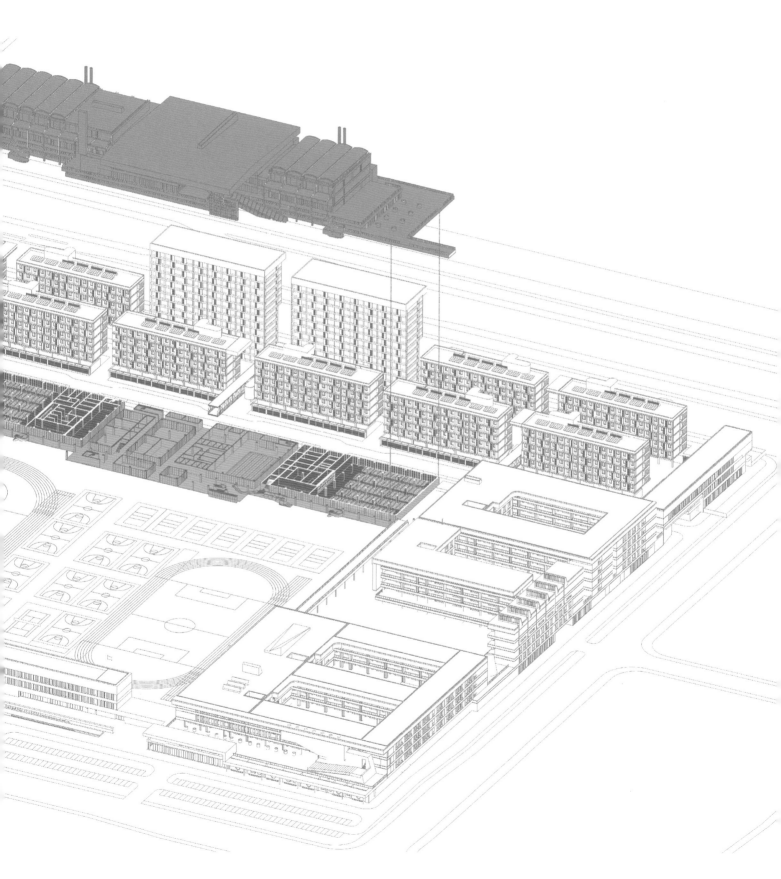

2-5

苏州工业园区星海小学星汉街校区的餐厅位于校园北侧入口门厅的西侧。餐厅北侧的安全玻璃，同时也是校园的围墙，围墙之外有开放的架空走廊，北侧也是地面步行接送的主要空间。餐厅置于这样的位置，作为餐厅的同时，也是接送时同学们的临时等待与缓冲空间。此外，还是中午用餐时间之外的综合性多功能活动室，是校园活动与文化的重要展示空间。

食堂南侧是校园底层架空的非功能空间，相对于北侧作为围墙的平直边界，南侧正对西侧的校园主入口，是入口的主要缓冲空间，也是半户外全天候开放的自由场地。它与有透明玻璃隔断围合的餐厅一起，成为校园底层重要的公共空间，为校园的学生活动提供"额外"的场所。

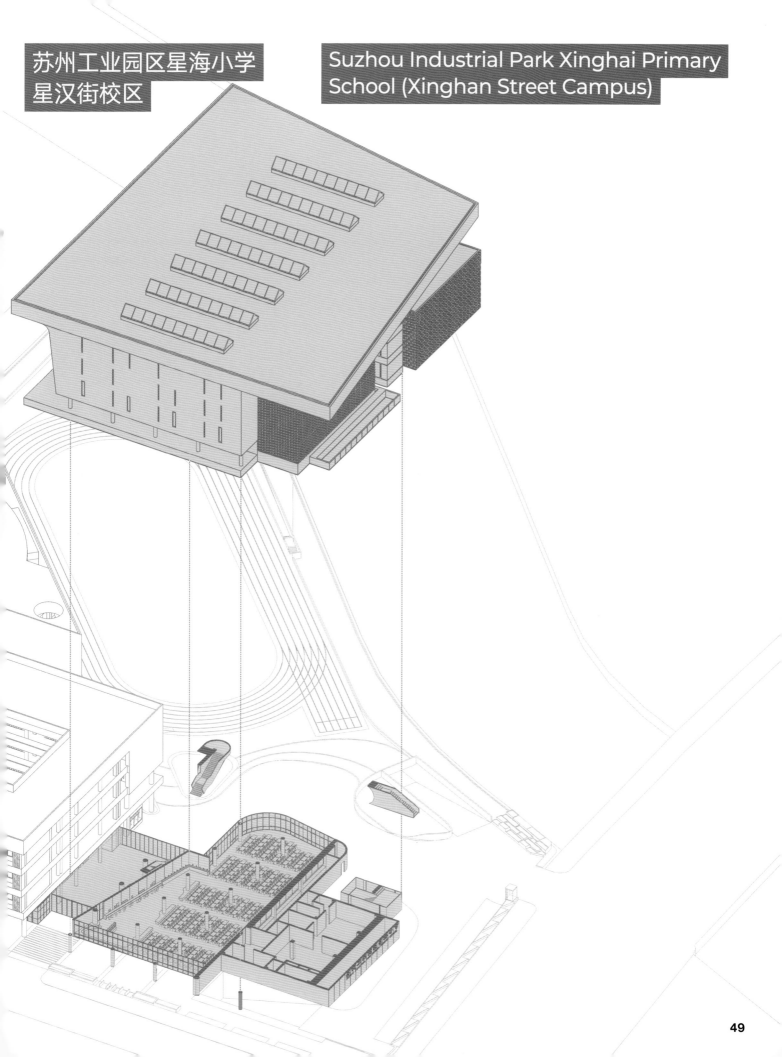

苏州工业园区星海小学
星汉街校区

Suzhou Industrial Park Xinghai Primary
School (Xinghan Street Campus)

内外通透的学生餐厅

可灵活组合的餐厅桌椅

2-6

在苏州工业园区职业技术学院独墅湖新校区的设计中，餐厅放在了整个校园最核心的位置，而且还是环境最好的地方，前后都是开阔的广场或运动场（运动广场）。我们知道餐厅是不分班级、不分年级，所有同学都必须要去的地方。在那里，你可以看到你想看到的人；在那里，你可以等到你想等的人。大学是人生最美好的阶段，空间是可以储存记忆的容器，餐厅也是最方便的交流与等候的场所。

这个设计最终能够实现还有两个重要原因：一个是当时的学院院长单强博士非常赞同这种观点，我们

年龄相仿，属于同时代的大学生，虽然大学不在一个城市，但都有着共同的校园记忆；另一个原因是在西北角上作为单一吃饭的餐厅，空间的使用效率很低，只有吃饭的时候才被使用，其他时间空间都是被闲置浪费的，而放在校园中间的餐厅就转换为多功能的活动空间，是可以交往的饮食空间。加上无线网络和笔记本电脑的普及，食堂的开放时间可以从每天三次的短时开放发展为从早晨6:00到晚上10:30的全天候开放，发展为全天候开放的校园公共活动中心。这个从空间的经济性上出发的理由同时说服了投资方。

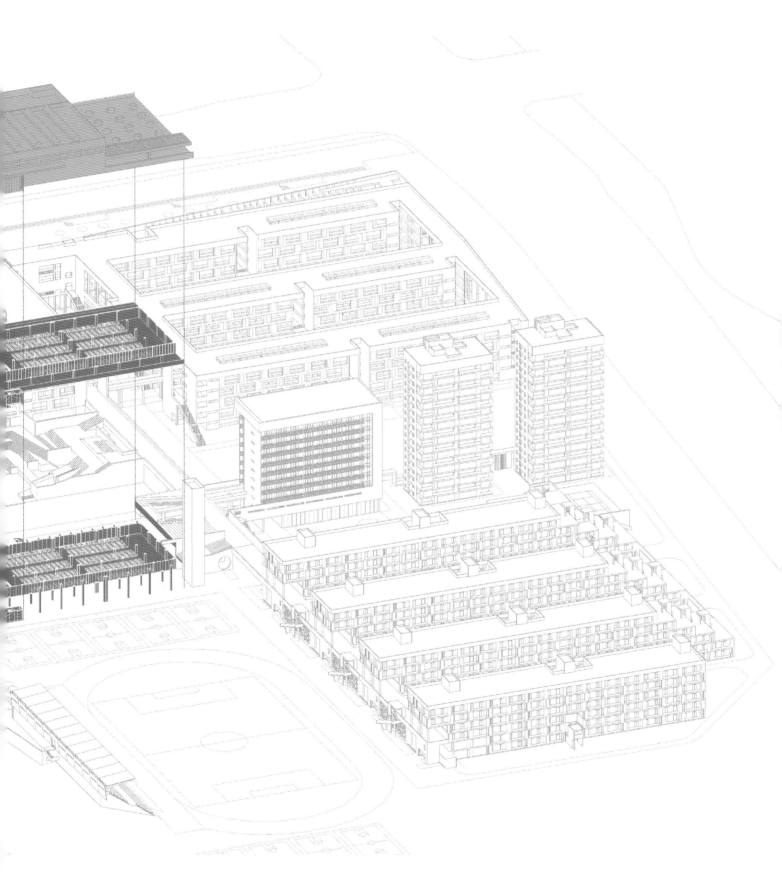

面对着运动场的餐厅

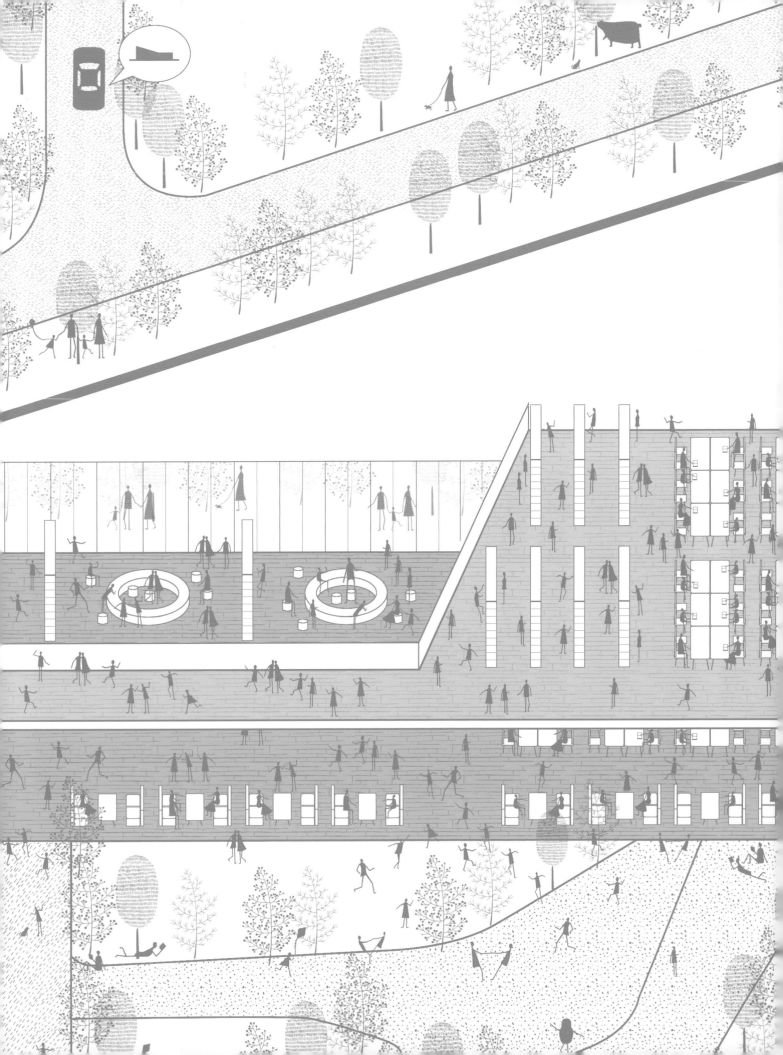

3 图书馆与
泛图书馆

Libraries and Ubiquitous Libraries

前阿根廷国家图书馆馆长博尔赫斯曾经说过：
"如果有天堂，天堂应该就是图书馆的模样。"这
大概是迄今为止关于图书馆最经典也最广为流
传的一种描述。一般来说，人们心目中的图书
馆都是严肃的、崇高的，甚至是神圣的知识"殿
堂"，但随着工业革命与信息革命的不断进步，
以及现代主义蓬勃发展之后，很多神圣的空间都
开始向更加鲜活更加丰满的日常性转化。图书馆
既可以是学习与研究的学术中心，也可以是交往
与休闲的文化场所。

目前，大多数学校的图书馆还属于比较传统的模
式，在空间上强调阅读的神圣性，在管理上以
"管理书"为前提。读者不能在书上随时记录瞬
时的阅读感悟，不能留下阅读的痕迹，读书变成
了小心翼翼地"朝圣"。而我所期待的图书馆应
该是更加日常的开放状态：书不仅可以阅读，还
可以书写和记录，书可以因为我们的不断书写而
成为一种媒介，重新建立起读者与读者之间的关
系，是一千个哈姆雷特的交流与碰撞。不同时空
的想法叠加在同一书页之中，在时间的累积中，
思想碰撞、叠合、传承。所以，图书馆不仅是一
个可以学习的空间，也是一个可以多边交流的场
所，是现实中的交往场所，也是时空中的对话媒
介。由此，"泛图书馆"的概念便在我们的教育空
间研究中萌芽了。图书馆在校园中的位置与图书
馆内的空间形态也因为这种新的定义而发生新
的改变。

第一是图书馆在校园中的位置。传统校园中，图
书馆通常象征着校园的精神堡垒，置于校园中的
核心位置。为了强化这种仪式性，往往还会设
置大台阶，让图书馆的入口从二层开始。而我
更喜欢将图书馆设计在更接近日常活动的位置，
有时就直接设计在校园的主入口附近。这样，图
书馆在成为学生学习交流的空间的同时，还能
作为放学时的等待休息空间。另一方面，图书
馆作为公共建筑，在主入口附近，易于塑造校园
面向城市的气质与品质，甚至在必要的时候可以
方便对社区开放。当然在校园规模较大的时候，
通常也会将图书馆置于校园的核心地段，以便各
个区域的学生都能很方便地到达。即使是这样，
我往往也会通过形式的处理，消解中心位置所带
来的传统仪式感，强调其空间的日常性。

第二是图书馆内的空间形态。传统图书馆大多都
有清晰的空间界定，而且必须还是一个封闭的
围合空间，以便于管理。实际上学习空间在平
面上和剖面上的组合关系才是图书馆的发生器。
相对于传统的阅览方式，如今的阅览方式越来
越多样化，读书行为可以发生在图书馆的任意
一个角落。而且，"图书馆不仅是藏书借阅之所，
也可以是个人自习、小组合作学习、研究性学
习之所。……设在图书馆中的个性化学习空间往
往非常受学生的青睐。"[1]面对多样化的行为需
求，图书馆显然是一个多义的空间，超越单一功
能的含义，而具有支撑多样行为的可能。因此，
新型的图书馆应该从封闭走向开放，强调流动性
与透明性，强调视线的连续，从而扩展学生的
感知范围，方便学生快速地了解各空间的特性，
从而选择适合某种学习行为或多种行为的空间。

[1] 邵兴江. 学校建筑：教育意蕴与文化价值[M]. 北京：教育科学出版社，2012：78-83.

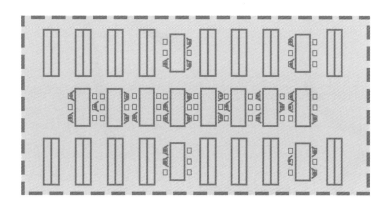

传统图书馆空间

开放活力的图书馆空间

3-1

扬州市梅岭小学
花都汇校区

Yangzhou Meiling Primary School
(Huaduhui Campus)

图书馆内的公共空间

扬州市梅岭小学花都汇校区的图书馆是开放式的图书馆，位于学校的主入口西侧，与门厅一起，共同构成校园最重要的公共空间节点。图书馆以"书山"为主题，主要空间两层通高，中间有一条"天梯"连接两侧，层层叠叠的书架与台阶相结合，学生可以自由地拾级而上，也可以席地而坐。阅读既是一个学习的行为，也是一种充满趣味的休闲活动。图书馆内的空间非常开敞，同时也因为"书山"的各种变化而非常丰富。

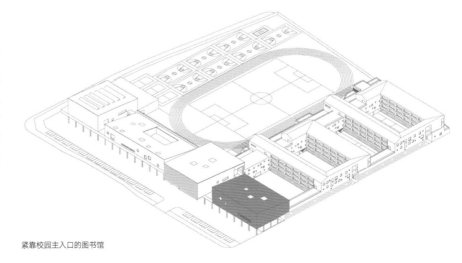

紧靠校园主入口的图书馆

"书山"

3-2

层层退台的图书馆空间

图书馆的斜坡屋顶

南京市金陵中学附属小学的图书馆位于校园东南角的一层，靠近东入口的南侧。图书馆并没有采用完全封闭的空间设计手法，而是以落地玻璃为主进行围合。图书馆不仅是借阅与学习的场所，也同时与东侧的入口空间一起形成校园整体的入口区域，是可以阅读，可以交流，甚至是放学时可以休憩停留的综合性多功能空间。

初级中学的图书馆则位于校园南侧主入口的西侧，在校园西南角的一层位置，与西侧小学位于东南角上的图书馆隔路相望，二者在功能使用与形体造型上形成相互呼应的城市关系。图书馆大厅东侧与五层的教学楼直接连接，西侧则根据造型向路边形成斜坡屋顶。结合屋顶三角形的结构形式而形成的天窗与灯光交错布置，让自然光与人工光巧妙结合，使得大厅内光线明亮而优雅，而屋顶的细部也统一在完整的形式肌理之中。在内部空间结构上，楼梯层层退台，既是方便上下的内部垂直交通，也是体现空间变化与行为可见理念的重要设计手法。

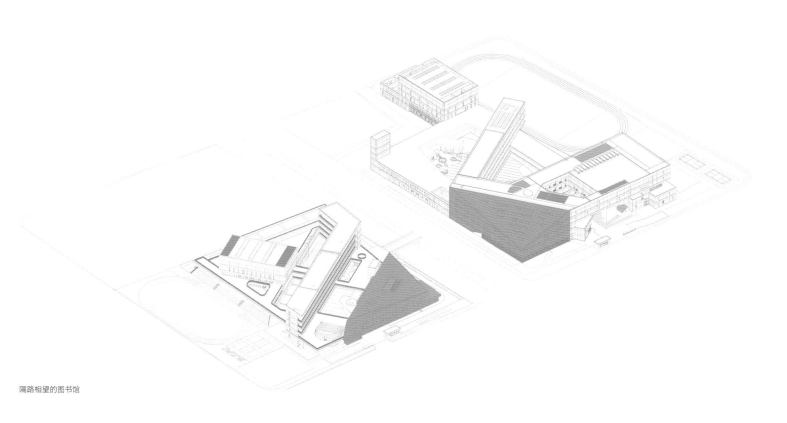

隔路相望的图书馆

3-3

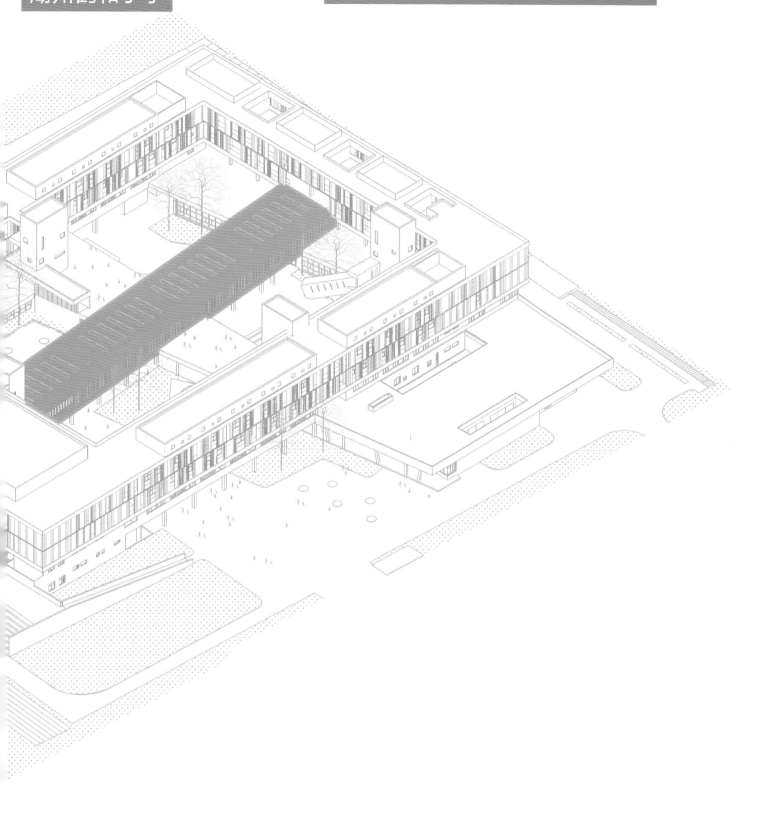

凌空的图书馆

杭州师范大学附属湖州鹤和小学的图书馆位于整个校园综合体的最核心部位，是所有功能的几何中心。但在空间设计中，并没有通过高度或体量去继续加强图书馆的中心地位或传统仪式感，而是在二层空间，将其与计算机教室并置，形成一处最方便到达的学习场所与交流场所。图书馆的下方是半开放的架空空间，上方是露天的屋顶花园。图书馆在这种上下左右的空间交织中，与其说是一个空间的几何中心，还不如说是一个相互交叉的路径，空间的日常性远远大于空间的神圣性，这也是我们设计图书馆最重视的理念。

图书馆外的院落

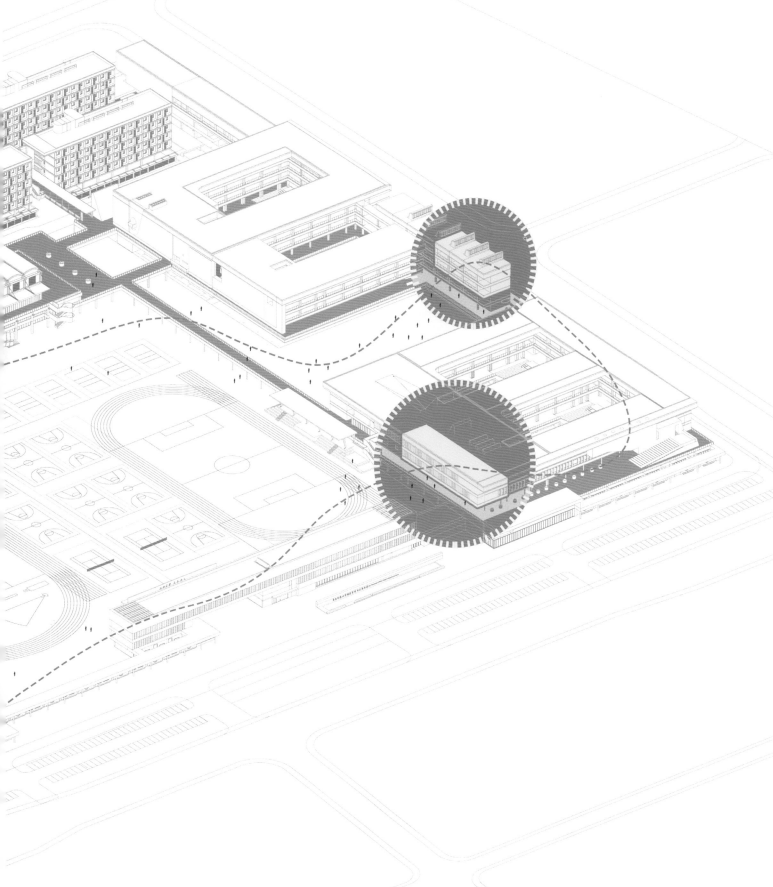

华东师范大学附属常州西太湖学校是一所 K12 的全年龄段学校。我们在整个校园核心部位的艺体楼中设计了一个相对综合性的图书馆，这个图书馆与风雨球场、报告厅及黑盒剧场设计在一起，位于非常重要也非常方便的第二地面——二层标高上。这个图书馆既是校园平面的几何中心，也是校园立体空间的几何中心，无论是通过垂直交通或水平交通，这里都方便可达。图书馆总高三层，下部是标准的一层高度，上部是两层通高，屋顶上的天窗将光线引下，再透过圆形中庭直达下面的阅览空间。

由于校园规模比较大，各个学部之间的学生年龄也完全不同。因此，我们在每一个教学组团中，结合门厅或其他开放空间还布置了更加灵活而自由的泛图书阅览空间。这样的空间更方便阅读，同时也方便交流，是学习空间，也是休闲场所。它们和周围紧邻的其他教学空间一起，形成了丰富而多元的多层级校园公共活动空间。

位于艺体楼的综合图书馆

小学部的泛图书馆

中学部的泛图书馆

趣味"山洞"

苏州大学高邮实验学校的图书馆位于整个校园的南侧，底层是直接临河的阅览空间，连续的落地玻璃让阳光和池影与学习相伴。两侧的绿化走廊向东、向西分别延伸至围墙边，既是休憩与等待的场所，也是图书馆阅览空间的向外延伸，它们和南侧的城市道路之间是一条保留的河道，河道是校园内外的天然分界，同时也让校园内部的长廊与底层有落地玻璃的图书馆成为河对岸最美的城市风景。

图书馆首层靠南侧窗户有几个围合的下沉空间，这里可以是小组教学的创意教室，也可以是学生自由阅读的场所。一楼通向二楼的台阶比较平缓，是一处斜向高度不断变化的可休息可闲坐的读书空间。台阶旁还有一处很有趣味性的"山洞"，"山洞"内是另一种空间体验。二层基本以阅览为主，阳光透过天窗，经过格栅的柔化与反射后，洒满整个阅览空间。

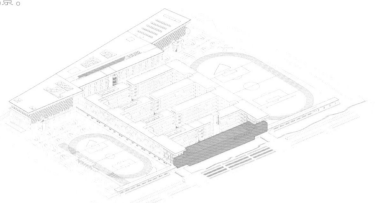

水边的图书馆

二层阅览区

上下贯通的图书馆

3-6

校园共享轴中心的图书馆

西安汽车
职业大学

西安汽车
职业大学

Xi'an Vocational University
of Automobile

阳光从中庭洒进图书馆

西安汽车职业大学在总图布局中有三条明确的轴线：东侧沿城市干道布置的是以教学与实训为主的教学轴；西侧是以学生宿舍为主的生活轴；中间是公共空间为主的共享轴。图书馆就落在这条共享轴的最核心位置。图书馆是经典的方形形体，中庭也是经典的几何图形——圆形。我们知道方形和圆形都是非常容易产生仪式感和纪念性的空间形式，为了消解这种可能存在的纪念性，我们在设计中将底层基本架空，并结合空间布置了很多与学校汽车专业有关的展览。这些架空空间与展览空间自由开放，和周围的自然空间及架空走廊轻松地融合在一起。中间的圆形是规整的正圆，但在向上收分时偏轴位移，再加上一个不断变化的弧形坡道，圆形的严肃性被偏心变化完全打破，整个图书馆表现出活泼又不失优雅的双重气质。中心庭院沿圆弧边均为倾斜的玻璃幕墙，使得温暖洒下的阳光与不断变化的空间体验成为图书馆最大的特色之一。

中心庭院

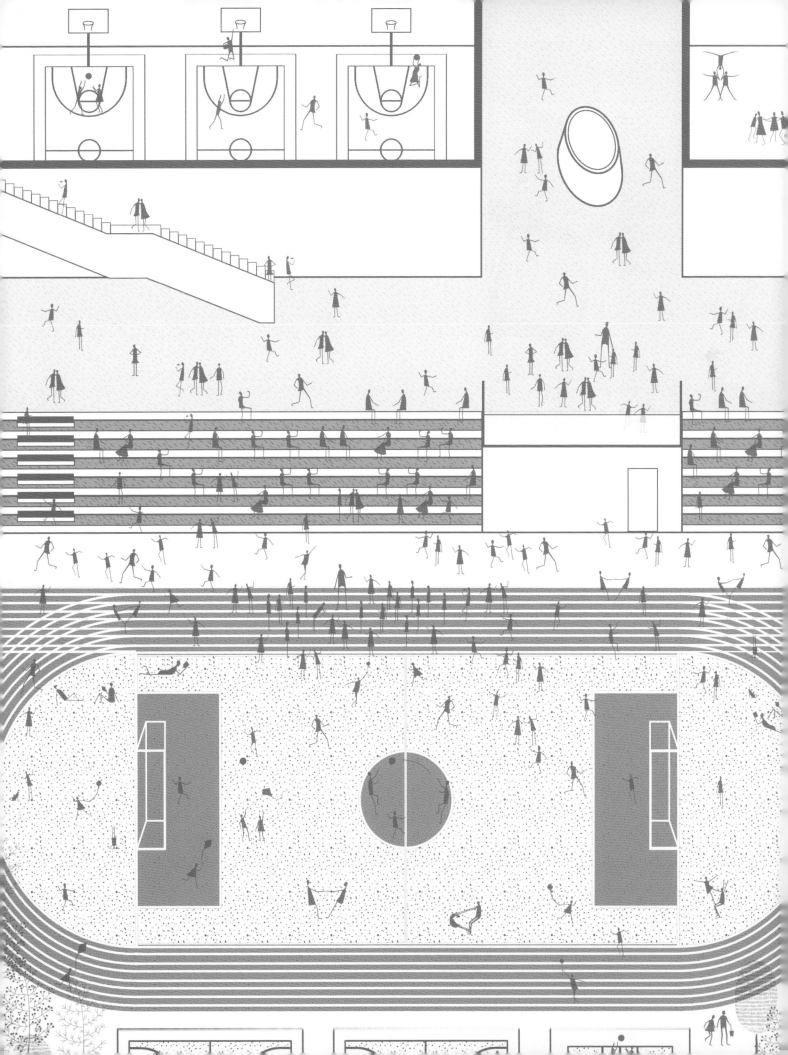

中心庭院

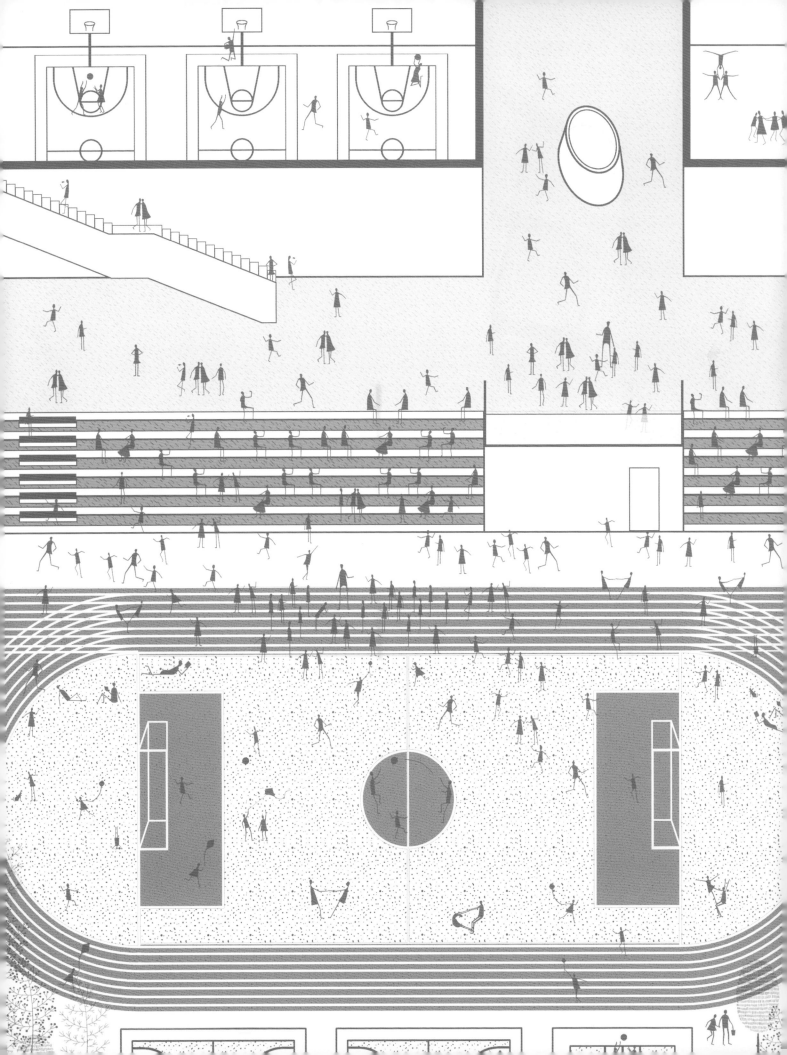

4

运动场与
运动广场
Playgrounds and
Sports Squares

运动场所用的场地在校园空间中所占的比例非常大，在校园的总图设计中，往往都需要优先确定运动场的位置。如果是规模相对较小的中小学校，往往是运动场的布置方式就直接决定了校园其他建筑的布置方式。因为运动场在使用的过程中必然会有噪声，为了避免运动场上的运动对日常教学的影响，所以在大多数校园设计中，运动场的位置都是在边缘或偏远的地方，通常是位于远离教学空间的校园侧边或后方。并且，由于对运动场的定义与认知的不同，运动场只是一处用于上体育课所必需的场地。而因为面向运动场的立面都是侧立面或背立面，通常在设计中也不会进行重点处理。

随着城市规模的不断发展，我们的可建设用地也越来越紧张。我们经常遇到这样的情况：一方面是校园内部的公共活动场地越来越少；另一方面，占地比例很大的运动场所却因为传统的"偏见"而远离校园的日常活动空间。

其实，规范上规定的声音隔离间距只有25m，而且即使是真的碰到有无法满足空间距离的困难，我们还可以有相应的设计手法与隔声措施来满足规范的要求。所以，我就提出了"从运动场到运动广场"这个全新的空间理念。通过对场所与行为的重新定位与思考，让原本位于边缘地带的运动场回到校园的日常生活中来。运动场只是上体育课的空间与场地，而运动广场却是包含运动在内的公共空间。

根据用地的条件，至少有两种方法可以实现这一设计目标。一是在能保证25m声音隔离间距的前提下，将运动场直接放置在校园用地的核心位置，其他校园建筑围绕运动场布置。这样的布置方式，运动场自然就因为位置上的核心地位而与日常广场完全重叠。二是如果场地受限，运动场只能放在侧边或后边，我们可以将直接面向运动场的一侧作为我们设计的重点。通过调整功能布局和设计空间形态，将校园文体设施以及各种活动空间布置在这一侧，再通过大台阶、挑檐、上下的楼梯等设计，强化建筑与运动场之间的空间互动。并通过精心设计的行为路径，让日常生活穿行于运动场之中。面向运动场一侧的空间，某种程度上既是运动场功能的拓展和延续，也是教学区与运动区之间的分隔与连接，组织并激活校园中最重要的两大功能区域。由此，面向运动场的立面也自然而然成为校园的主要立面之一。通过改善空间中的必要性活动和自发性活动的条件，人的活动便会被自然引发，空间的公共性被增强，运动场的活力也由此被激发。[1]

当运动场成为运动广场以后，大大增加了校园内有效、积极的外部空间，运动的活力与操场上的欢声笑语将成为校园文化中最重要的组成部分，也是校园里最美的空间场景。

[1] 董明. 城市肌理如何激发城市活力[J]. 城市规划学刊, 2014, 3.

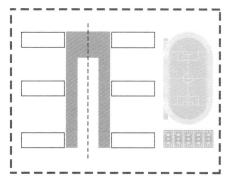

传统的运动场

山墙面消极地面对运动场

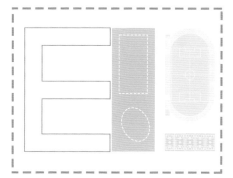

运动广场（中小型学校）

文体设施和活动空间紧邻运动场一侧

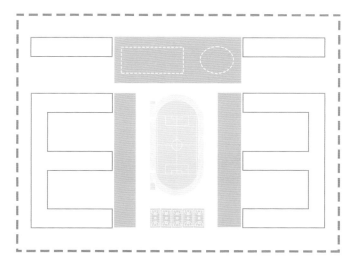

运动广场（大型学校）

强调建筑与运动场之间的空间互动

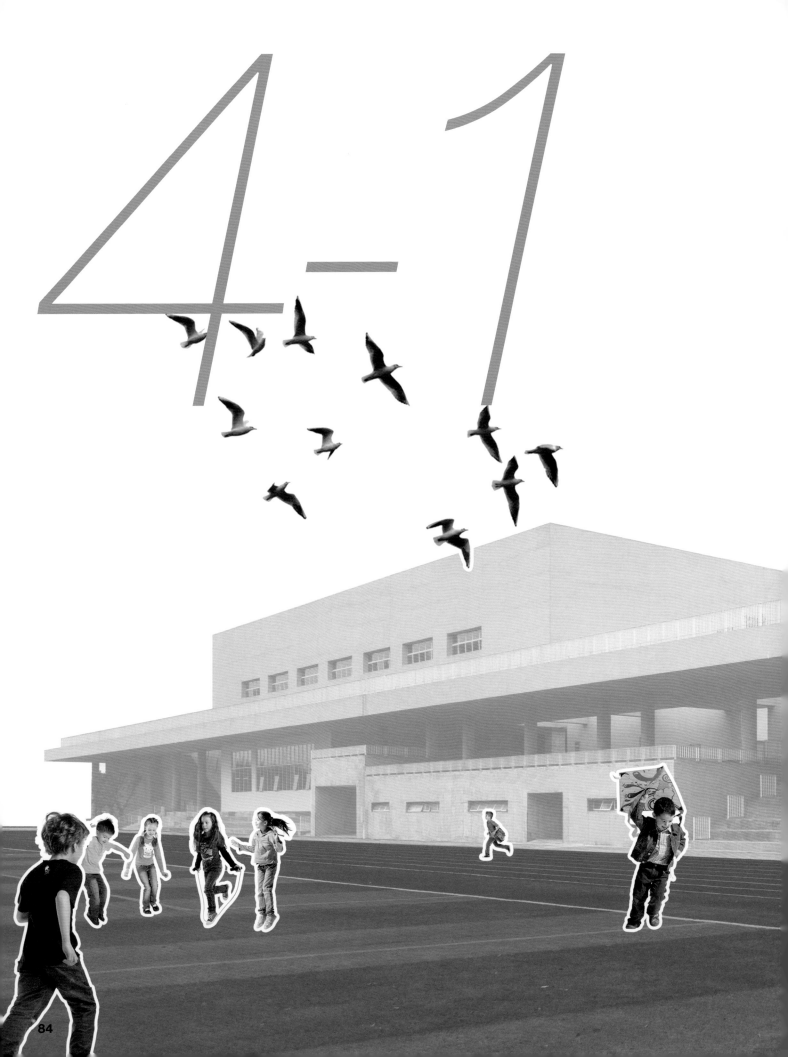

4-1

和很多传统的中小学校园布局类似，苏州湾实验小学及幼儿园的运动场也是布置在实体建筑的东侧，400m跑道的运动场及各类球场与建筑空间为东西并置的关系。在用地相对规整且朝向也基本为南北方向的情况下，这种布置是相对最为合理的校园总图布局方式，不仅土地的使用效率较高，功能与形式也相对容易组织与设计。

这种完全偏于一侧而又没有围合的运动场，如果没有针对性的设计策略，就会走向传统校园一样运动场偏于一侧的结局。因为运动空间与校园主要的日常空间相互并置且无交叉与融合，所以会被边缘化为一个简单的运动场。因此，为了加强运动场与日常行为的联系，设计从总图布置、功能组织与立面造型等多个方面进行了一系列的努力。

第一，位于西侧的主体建筑，除了西侧仅按规划规定做简单退让外，在南、北两侧的入口方向都没有做更大的退让，也都没有设计广场，所以整个校园只有一个集中的开放空间——就是位于东侧的运动场。这种布置方式就将校园中原本必须的"广场"直接"强制性"地融进了东侧的"运动场"中。

第二，功能组织，基础教学的普通教室都布置在远离运动场的西侧，而将风雨球场、乒乓球室、舞蹈教室等和体育活动有关的教学空间和报告厅、餐厅等人流较大的活动场所，以及美术、音乐等艺术类素质教育用房靠近东侧的运动场布置，这些空间和运动场空间都有着天然的黏合力与彼此渗透的功能关系。

第三，立面处理，西立面和作为主立面的南、北立面在设计中都力图简洁，而与运动场相邻的东立面则比较"浓墨重彩"。三楼标高处是南北200多米的通长屋顶平台。这个平台可以凌空俯瞰整个运动场，也是视觉最佳的观景看台。一楼到二楼是宽大通长而又有着丰富变化的台阶与楼梯，它们是一楼到二楼的路径，也是可行可息的台阶，同时更是运动场全天候的看台与座位。一楼还有好几处宽敞而又方便的通道，与西侧的教学区紧密连接。

第四，虽然从校园内部来看，运动场是位于校园东侧，但运动场的东侧与北侧都是已建成使用的高层居住小区。在此视角下，教学区与高层住宅一起围合了运动场。因为是公共配套的公办学校，小区的学龄儿童大多数就在这所学校上学，家长们在家里就可以直接看到运动场上孩子们的运动。因此，苏州湾实验小学及幼儿园的运动场，最终通过周围的公寓进一步实现在城市尺度上从运动场到运动广场的转化与升级。

运动广场东立面

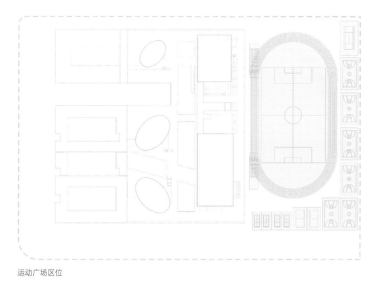

运动广场区位

运动广场旁的看台及台阶

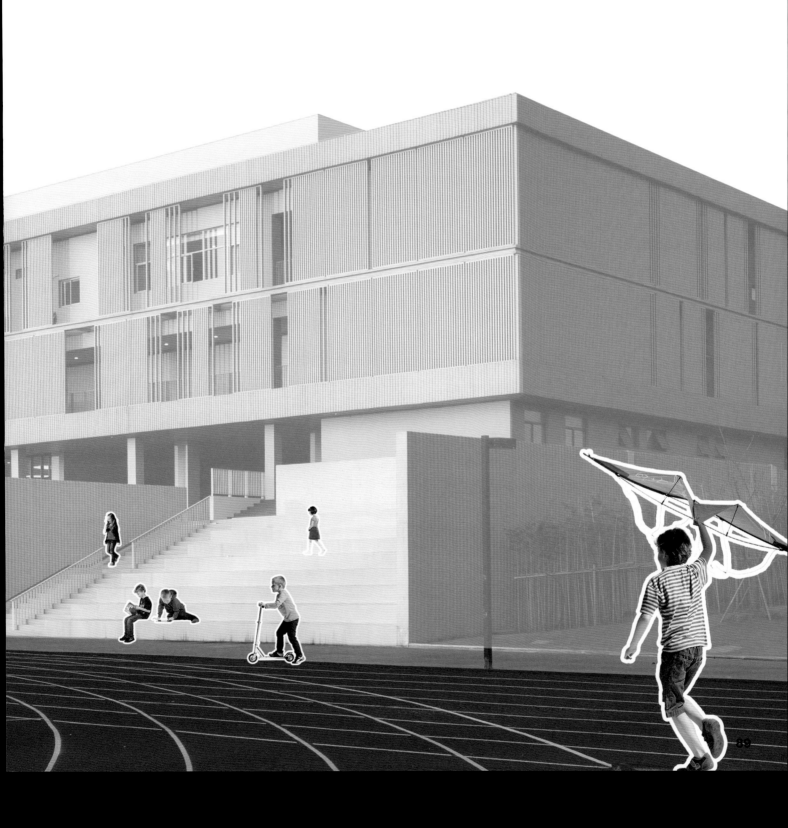

杭州师范大学附属
湖州鹤和小学

Huzhou Hehe Primary School Affiliated
to Hangzhou Normal University

89

杭州师范大学附属湖州鹤和小学的运动场位置与苏州湾实验小学基本相同。运动场位于校园的最东侧，紧邻运动场的建筑内设计的是报告厅、风雨球场、舞蹈教室等公共性强，且在声音隔离上规范要求相对较低的空间。一到二楼是宽大的通长台阶，二楼部分架空，同学们可以通过一楼的庭院和二楼的架空空间直接到达东侧的运动场。

鹤和小学的主入口在北侧，只有一处不算太大的入口缓冲空间，所以运动场依然是整个校园最重要也最核心的"运动广场"。为了加强这一运动广场的空间地位，从北侧主入口一进到校园内部，左侧一条特别设计的极具引导性的平缓坡道便指引人走向二层平台。站在平台之上，运动场已映入眼帘，台阶向东侧伸展连接，拾级而下便置身宽阔而充满活力的"运动广场"。

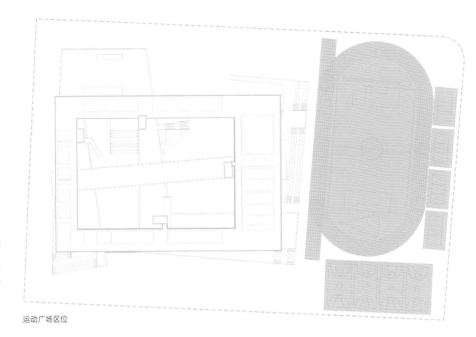

运动广场区位

运动广场东立面

穿过坡道冲向操场

上海世外教育附属相城高新区实验小学

Xiangcheng Hi-Tech Zone Experimental Primary School affiliated to Shanghai WFL

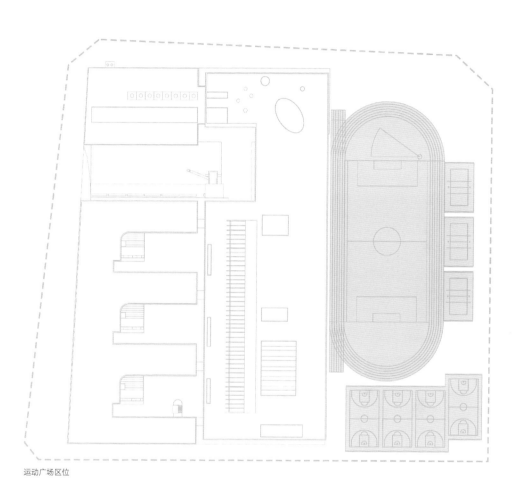

运动广场区位

运动广场东立面

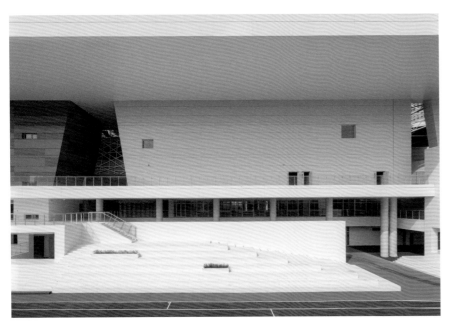

挑檐下的宽大看台

上海世外教育附属相城高新区实验小学的主入口在西侧，隔着一条城市道路便是前不久刚建成并投入使用的苏州第二工人文化宫。

因为是校园主入口方向，为了与西侧的第二工人文化宫相呼应，建筑的西立面是比较精致细腻的，既有丰富的体块，也有小尺度的表情。入口处的半圆形格栅坡顶，是在文化上向传统的坡屋顶致敬。除此之外，北侧与南侧的建筑都只是正常后退，也没有所谓的礼仪广场。相比之下，东侧立面也是校园中最"浓墨重彩"的一笔，宽大的平台与台阶，丰富的色彩与空间，加上顶部巨大的挑檐，直接宣告了运动场作为"运动广场"的身份与地位。东立面与东侧的运动广场一起形成了城市不可多得的靓丽风景。

面向运动广场的丰富空间

A-A

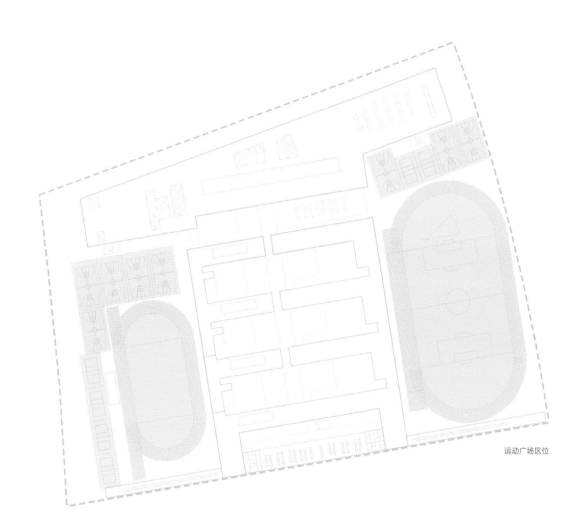

运动广场区位

苏州大学高邮实验学校是一所九年一贯制的学校，学校整体规模比较大，所以中学部与小学部东西布置，并分别配置了相应的运动场地。

为了加强从运动场到运动广场的空间转换，建筑在设计时对两个运动场区域进行了三面围合。围合是对广场进行空间定义最有效的方法。同时在面对运动场的建筑立面中，我们没有将走廊设计在建筑的内部，而是翻转过去设计在建筑的外部，每一层的走廊因此而转变成了面对运动场的空中看台。为了进一步丰富运动场的立面并增加走廊中的可停留空间，走廊的宽窄特地进行了错位变化，丰富的建筑立面与开敞的运动广场在相互成就中形成了这组校园建筑中最重要的空间特色。

运动广场西立面

围合的运动广场

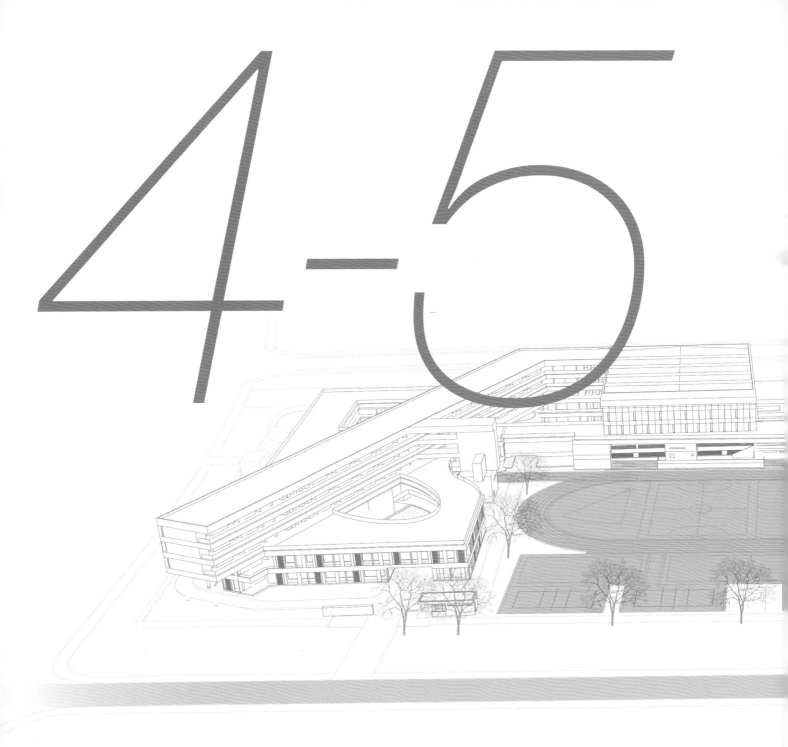

南京市河西南部（5号地块）九年一贯制学校的用地条件非常特殊。首先，整个用地并不是正南正北，而是向西偏转了近45°。其次是用地条件非常紧张，并不能像苏州大学高邮实验学校那样分别布置两处运动场地，而只能共用一组运动空间。最后，小学用地和中学用地还不在同一个地块之内，小学部分地块很小，所以运动场与其他体育活动场地只能布置在中学部分的场地之中。两个地块之间有一条公共的城市道路，将两个学部在平面上分成两个相对独立的校区。

由于两个地块被城市道路所隔离，原本的规划条件允许从地下穿越两条通道，将两个学部在地下相连。但在设计中，我们发现道路下方埋有深3m多的市政管网，地下通道至少要挖深7m~8m，而且地下通道的空间体验与实际使用效果都不好。所以，我们选择从空中连接，而且将最重要的共享部分，如报告厅、图书馆、学生活动中心等设置在架空的连接体中。这样不仅强化了两个地块之间功能上的连接与共享，而且架空的高度是在三层的标高，既不影响城市交通的正常通行，还创造了一道城市空间中非常特殊的建筑景观。过程中最棘手的问题是架空部分的建筑超出了原有的地块红线。为此，南京市有关规划部门专门组织了会议论证，最后重新调整

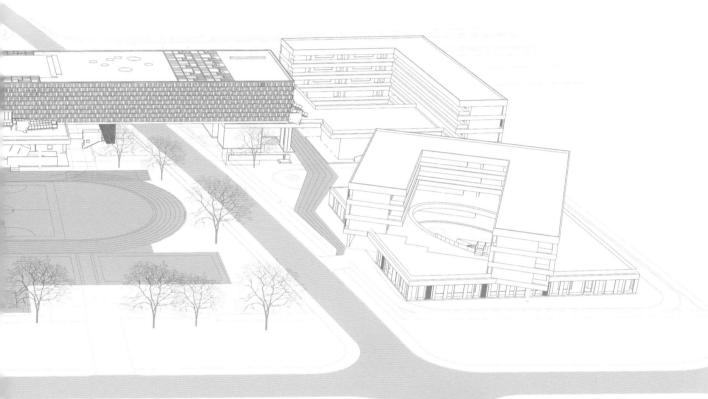

用地条件，将地块上方的空间使用权划给学校，从而保证了这个学校项目的顺利推进。

在此基础上，形成了项目最大的特色，即两个学部的建筑围绕着运动场布置，所以运动场就合法地成为整个校园的"运动广场"。虽然地块朝向偏西近45°，但我们在设计中特地将教学楼的普通教室按正南北方向布置，这样既能保证普通教室的最佳朝向，同时旋转后的体块在平面布置上与现状地形有了一个斜向的交叉，而恰恰这个交叉的体块在空间上又进一步加强了对广场的围合。

被两个学部围绕的运动广场

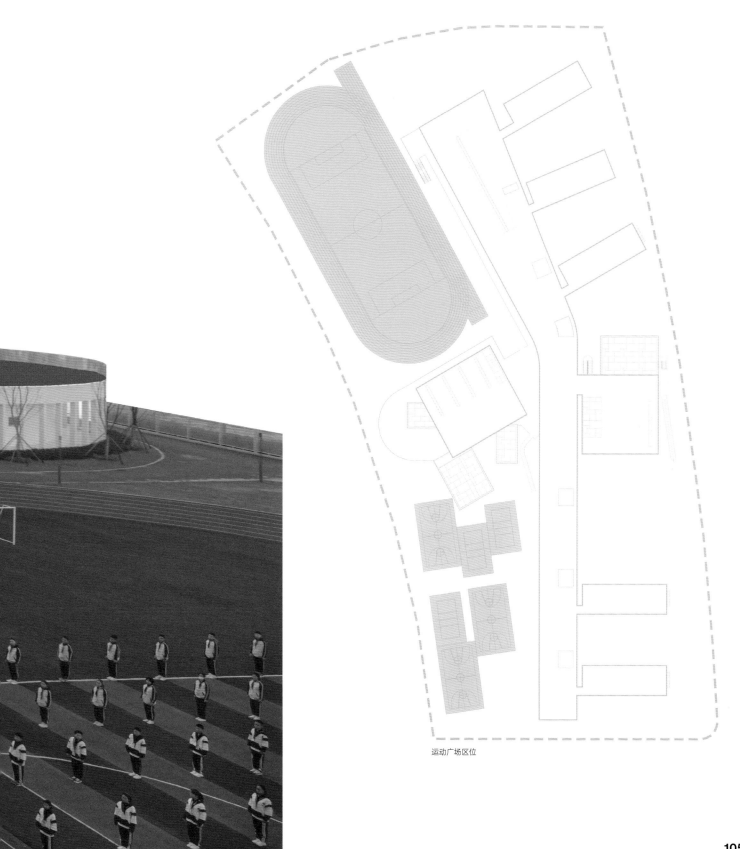

运动广场区位

南通市能达中学的用地条件有两个很大的特点：一是校园的位置非常好，位于南通核心区中央公园的东侧，拥有良好的自然景观资源；二是地块东西方向上较短，而南北方向上较长。结合这些特殊的用地条件，设计中将运动场与篮球场、排球场等体育活动空间靠近西侧中央核心景观区布置。这样布置的运动场地，既是校园内的开放空间，也能在更大的城市尺度上巧妙地融入城市景观之中。运动场在西侧，教学用房在东侧。由于地块东西向本来就窄，去掉运动场后的教学用地更加局促。在保证25m声音间距以及规范要求的日照间距后，教学楼与教学楼之间变化的余地很小，仅仅足够在体块上做一点微微的转角以适应地形并相对寻找一些变化。图书馆与报告厅位于中间部位，在南北方向上打破了教学楼之间单调的空间节奏。

面向运动广场的丰富立面

这个学校最有特色的是西侧运动场与东侧教学楼之间的连廊，这条南北通长的空中连廊不仅在功能上将南北所有的建筑功能连在了一起，而且自然而然地作为实体空间在运动场与教学空间之间形成了隔声屏障。连廊与西侧的运动空间正面相对，并因为地形有一定的弯曲弧度，连廊与之顺应，形成对运动场视线空间上的围合。学校有南北两个出入口，北侧为主出入口，南侧为次出入口，由于北立面的展开面很短，建筑后退的空间余地也不大，西侧的运动场就成为整个学校最重要的日常广场。

西侧的运动空间分为南北两个区域。北侧是田径场，南侧是篮球场与排球场，中间是和体育活动有关的风雨球场与乒乓球馆等。风雨球场空间的下方是半开放可作为多功能室使用的校园餐厅。餐厅周围均为落地玻璃，落地玻璃外围有一圈架空走廊，相互渗透的空间将南北两侧的场地连接成一个完整的整体。

为了进一步加强南北连廊的公共性，连廊被大大地加宽，而且宽度上也有不同的变化，以及多个形式各异的楼梯散布在立面上，可以方便并强化垂直空间上的联系。连廊虽然是整个建筑的西立面，但绝不是简单的"侧"立面，而是作为整个校园最重要的"主"立面，面向校园内部的运动场与城市的核心景观，并以丰富的立面造型与多元的活动内容，与地面的"运动广场"一起成为中央景观公园边最靓丽的城市风景。

江苏省六合高级中学的改扩建是一次顺势而为的巧合。和大多数传统的高中一样，原六合高级中学的运动场也是位于原教学区东侧的校园用地边缘。由于教学空间已远远不足，且原有教学用房过于陈旧，很多已不符合当下新的工程安全规范，所以此次改扩建的主要内容就是拆除原有的教学楼并重新设计建设。在我们接手开始设计之前，校方已经完成了一个设计方案，因为还是囿于传统的思维定式——运动场一定只能在校园的边缘一侧，所以原改扩建的方案中，教学楼还是在原有位置上。这其实就带来了一个日常使用与工程进度之间的矛盾。为了能保证日常教学功能不被中断，新的建筑只能是拆除一栋建设一栋，采取逐步腾挪的方式。这样建设周期非常长，计划至少是5~6年才可能完成。而且拆除与新建的场地与还需要正常教学的空间紧密相邻，工程施工与日常教学之间的相互干扰也非常严重。

与之相反，我们的方案直接从"运动广场"的设计理念出发，将新建的规模更大的教学空间放置在东侧原有的运动场位置。这样一来，因为原有运动场上没有建筑物，项目可以立刻开始施工，同时又能保证原有位置的日常教学不受影响。而且新的场地比原有教学区域的场地更大更平整，更适合建筑布局。此外，还可以全面施工，方便整体一次性开挖比较大的地下空间，直接解决了困扰多年的传统校园逐步发展中的停车困难问题。

新的教学楼建成后，教学楼的主要交通空间设计在西侧，宽大而连续的平台既是走道空间，也是公共看台。与北侧的空中连廊及西侧原有的图书馆、学生活动中心以及餐厅等一起，将位于中心位置的运动场围合成一处多元而活力的"运动广场"。

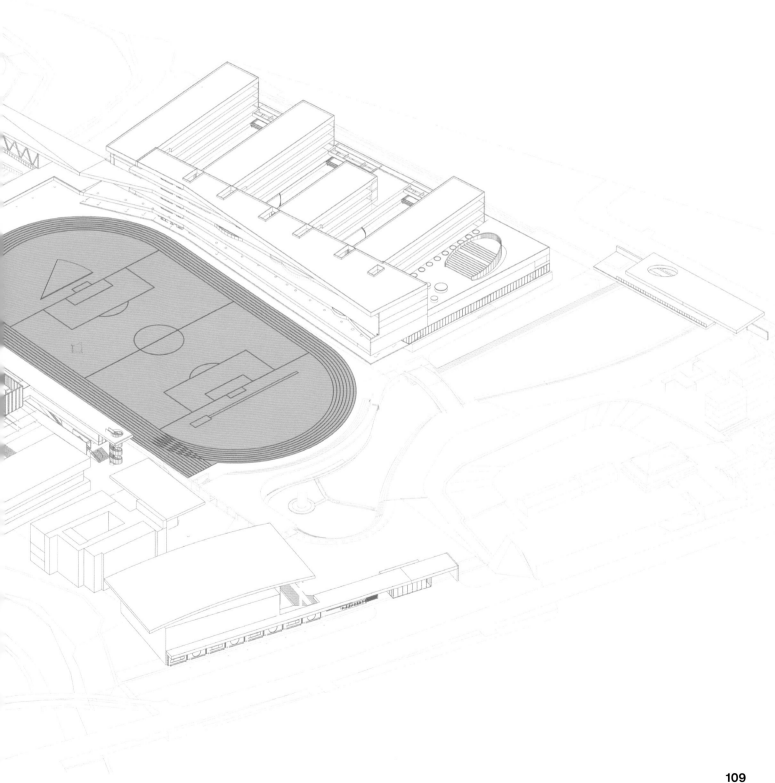

原教学楼拆除前校园

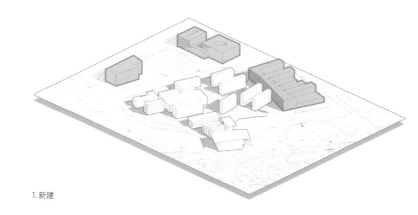

1. 新建

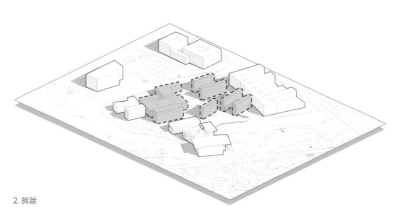

2. 拆除

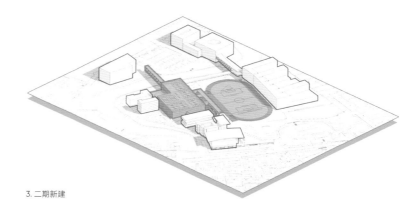

3. 二期新建

华东师范大学附属常州西太湖学校规模比较大，学部的年龄段差异也大，按规模必须要两片田径场及相应的球类运动空间。

和大多数学校一样，两组运动场加起来就占据了校园整体用地的大部分空间，所以运动场放在什么位置直接决定了整个校园建筑空间形态的方向。最终我们选择将两片田径场与所有的球类运动场全部放在校园中间，而将所有的建筑围绕运动场布置，这样的设计至少有以下几个理由：

一、所有的建筑沿城市道路布置，能形成良好的城市界面。

二、空间向内围合，外部边界完整而向内部开放，整个校园像一个小型城堡，带点神秘感，又能在城市的喧嚣中，创造出一处相对安静的学习场所。

三、运动场同时作为运动广场，成为校园日常学习与生活的核心场所。

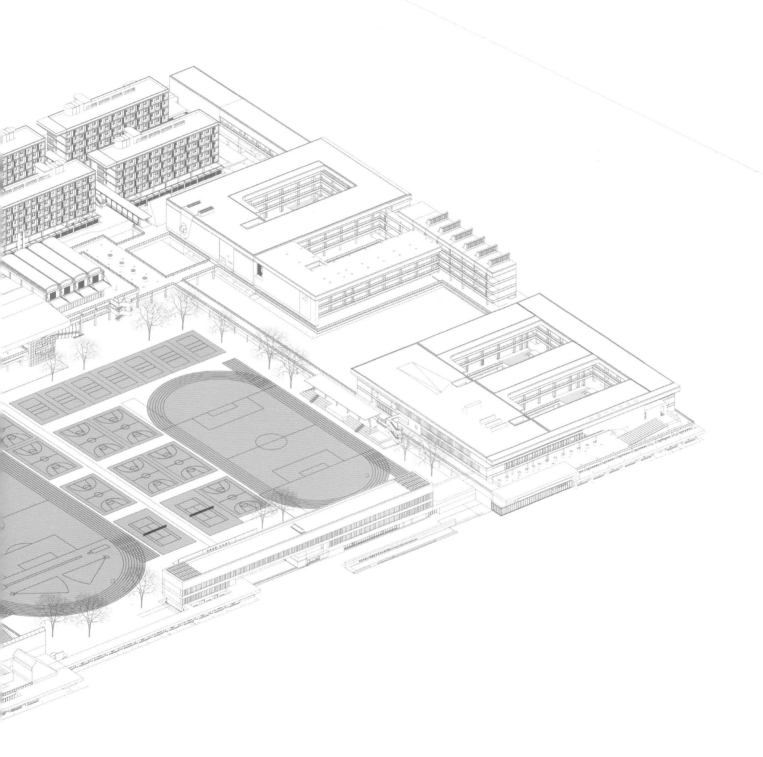

运动场位于校园核心

作为校园日常学习与生活核心的运动广场

5

围合与开放

Enclosure and Openness

由于国情的不同，中国的校园大多是向内围合的空间布局。就我所知的大学中，只有位于长沙的湖南大学是完全开放并与周边城市融为一体的，而中小学及幼儿园毫无例外全部是封闭管理。这一方面是因为学校需要有一个相对安静的学习环境，另一方面也是出于安全管理的需要。

另外，我们的学校，尤其是义务教育阶段的中小学，大多是根据城市空间的服务范围按学区分布的，是城市重要的公共资源。而学校建筑又因为功能多样而形式多样，因而也是城市空间中重要的视觉景观。但因为有围墙，再加上必要的建筑退让，校园建筑经常占据着最好的城市区位，却又孤立于城市的公共环境之外，没能在形象上同时成为城市空间的重要资源。

因此，我们倡导"有控制的对城市开放"，通过对空间的精心营造，建构开放而人性化的校园空间，重塑建筑、人与自然的和谐关系，让学校在城市中从"孤岛"变成"锚点"，开放、共享校区核心文体设施，让学校助力城市精神的重建。[1]

首先是校园边界与城市绿地的叠合，校园中部分内部空间释放出来与原本的城市绿地组成开放共享的城市公园，一方面为家长和学生提供了等待缓冲的空间，另一方面拉近校园与城市的关系。弱化校园空间与城市的物理隔离，将城市公园变成校园和城市相互渗透和对话的平台，实现边界空间功能意义和社会意义的最大化。

其次，大多数中小学尤其是义务教育阶段，因为不是寄宿制学校，校园空间只有在白天上课时段被使用，放学后、周末和寒暑假都是闲置

为主。将部分公共空间，比如说田径场、篮球场和排球场，包括一些室内空间如报告厅、游泳馆、图书馆以及风雨球场等，在闲置期间向周围社区开放，与社会共享，就会形成新的学校与社区关系，这是一种更大范围的共同体的塑造。既能大大丰富周边城市的公共活动空间，提升周边社区的公共配套的品质，又让学校成为城市公共文化生活的积极参与者，为学生与社会的接触创造了机会。另一方面，既是对公共空间使用效率的提高，某种程度上来说，也是对土地资源的充分利用。

Open建筑事务所从设计北京四中房山校区开始就倡导学校跟社区分时共享资源。[2]深圳在新一轮的城市更新中，推动学校与社区服务同步升级，即学校文体设施与社区共享，社区公共服务就能与学校同步提升。[3]我们也在诸多学校的实践中，将游泳馆、图书馆等公共空间沿着边界设置，也是为了在后续的城市发展中，为校园文体设施对城市的开放，留下可能。

开放不仅是物理空间在使用功能上的对外开放，更重要的是思想上的态度与认知上的观念，然后通过巧妙的设计让校园积极融入周围城市的既有环境之中。此观念的转变，是对校园与外部社会关系的重新组织与构建，是对学校建筑应当具备城市性和公共性的探索。基于此设计的城市共享型校园模式，将"学位需求"与"社区需求"紧密结合，真正将城市化过程中的建筑密度转化为生活的密度和文化的密度。

[1] 周红玫. 福田新校园行动计划 从红岭实验小学到"8＋1"建筑联展 [J]. 时代建筑, 2020, 2.
[2] 黄文菁, 李虎. 山峰书院的策略设计 [J]. 建筑学报, 2023, 7.
[3] 朱涛. 边界内突围 深圳"福田新校园行动计划——8+1建筑联展"的设计探索 [J]. 时代建筑, 2020, 2.

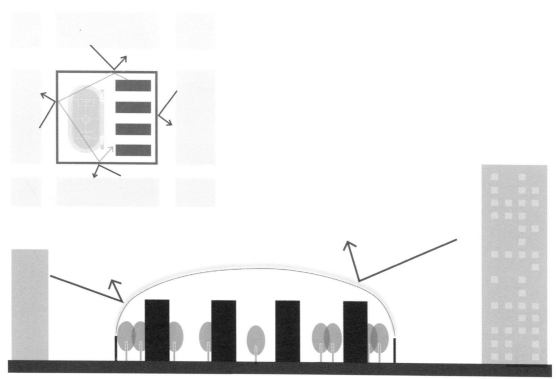

封闭的校园模式

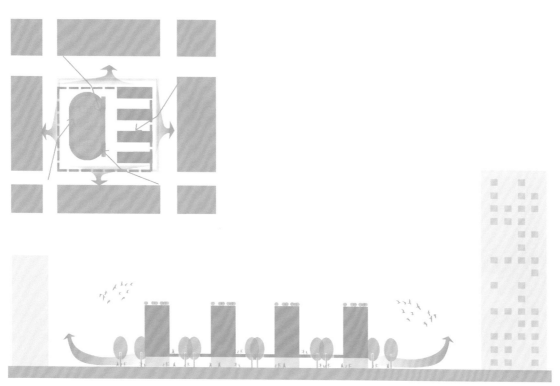

开放的校园模式

绍兴市上虞区第一
实验幼儿园

Shaoxing Shangyu First Experimental
Kindergarten

公园里的幼儿园

校园内外剖面关系

"围墙"

绍兴市上虞区第一实验幼儿园的用地位于一处规划中的城市公园里。按照上位规划的建议，幼儿园在公园中的位置有两个选择，或放在公园北侧，或放在公园南侧。这两种选择都是用地规划中比较常见的建筑地块划分方法，两者不同的是，幼儿园放在北侧时公园就在南侧，这种情况对幼儿园比较友好，但用地北侧的高层公寓向南首先看到的就是幼儿园的屋顶；而把幼儿园放在南侧，公园在北侧时，公园对用地北侧的高层公寓而言具有更高的景观价值，但北侧的公园对幼儿园来说显然不够友好。

另一个问题就是，无论幼儿园在北侧还是南侧，都将整个用地一分为二，其中一半是幼儿园，一半是城市公园，幼儿园与公园是彼此并置的平行关系。最后的设计是将幼儿园放在了地块的中间，这是一个大胆且具有实验性的思维方式。这一决策不仅将原本封闭向内围合的幼儿园转变为向外开放的视觉界

面，也将幼儿园转化成了公园内的城市风景，使得幼儿园融入整个开放的城市公园中，孩子们成长的欢声笑语成为公园中最动人的画面。

幼儿园还没有设计"围墙"，一圈深700mm的景观水系加上边界上高1300mm的清水混凝土栏板自然形成了园外高2000mm的安全界面。考虑到幼儿身高还不高的特点，混凝土栏板上开有大小不同的圆洞，洞内是安全夹胶玻璃，形成幼儿向外观景的窗口。圆形底座一圈是清水混凝土格栅，它们既是遮阳的建筑构件，也是未来绿色植物攀爬的附着构件，同时也是最开放的建筑界面。

二层的露天平台是幼儿园非常重要的户外活动场所，因为增加了高度上的优势，幼儿的活动与周边的城市景观进一步相互交融。

5-2

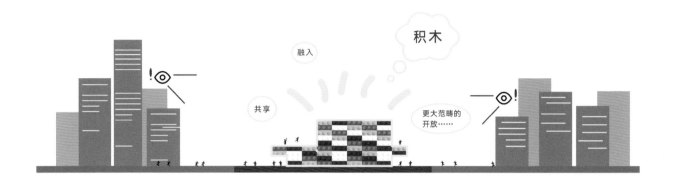

舟山市普陀小学及东港幼儿园的建成带有强烈的不真实感，甚至给人以置身乐高玩具柜台的错觉。这个色彩缤纷的盒子生动地传递出儿童所特有的游戏感和童趣，与其说这是一次严肃的建筑实践，倒不如说是建筑师对儿童积木搭建游戏兴致勃勃的模仿。在这个通过模仿儿童搭建行为而完成的教育建筑中，建筑的开放性是以其外形的特殊性而不是空间的开放性完成的。相比之下，建筑空间还是基本向内围合的，建筑的形式也相对比较简单而完整。主要的特点在于外立面上极具标识性的乐高符号。这两组建筑更像是两组乐高积木，在宏观的城市尺度中，重新定义了学校与周边高层公寓之间的空间关系与对景关系。

"乐高积木"

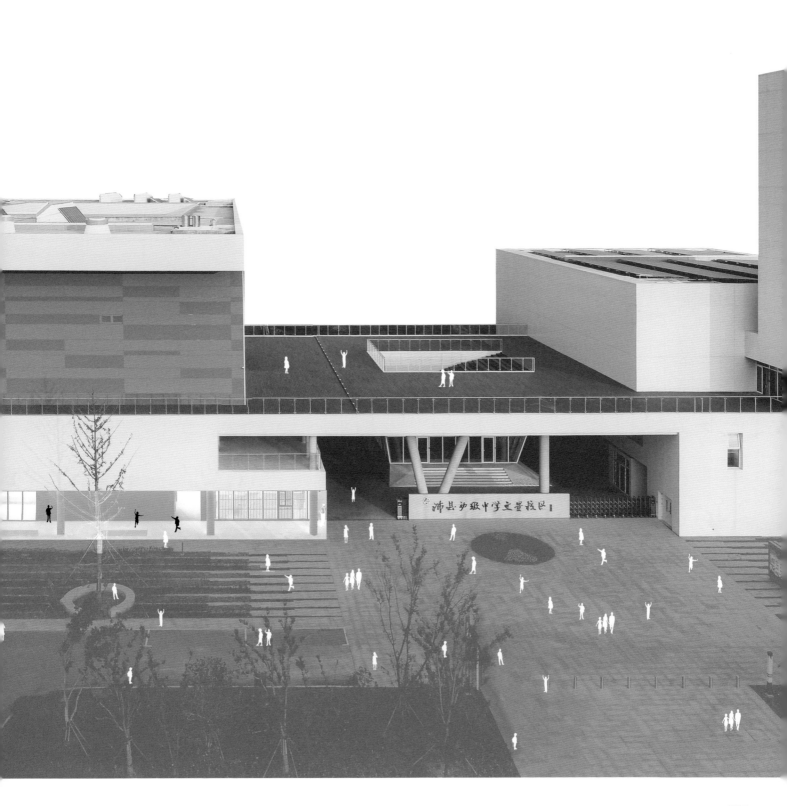

徐州市沛县文景学校的主入口在校园的西侧，但西侧没有视觉上的"围墙"。真正承担安全隔离功能的是退到建筑边界内侧的一层落地玻璃。落地玻璃在离地面高度2100mm以下没有设置可开启的窗户，而且全部采用安全防爆玻璃。

因为玻璃的透明性，此处安全围护的物理界面是内外通透的对外"开放"界面，内部的展示内容与活动也是对外界展示的重要信息。

除了底层架空的落地玻璃外，在西面的三层还同时设计了一条南北贯通的开放走廊，这个走廊的设计也是为了加强学校面向城市的开放性，并通过视觉上的联系将校园内部的活动与校园外部的家长以及普通市民的活动联系在了一起。

校外一隅

向外开放的"围墙"

夜色中的校园

苏州大学高邮实验学校南、北两侧都没有传统意义上的围墙。北侧出入口是五层通高的架空空间，以积极的姿态向城市开放，无论是学生家长或者其他普通市民，都能走近校园，透过安全防爆玻璃的落地窗，感受学校生动活力的文化氛围，聆听孩子们的朗朗书声。同时，北侧建筑也相当于是学校里的艺体综合中心，里面有风雨球场、大报告厅以及舞蹈教室、餐厅等，为在非教学时期向社会开放使用预留了空间上的可能性。

校园南侧利用河道天然分隔了校园内外，河道北岸是校园的读书廊与图书馆，南岸是城市绿化带以及接送车辆的临时停车场。入口的停车场有效缓解了城市的交通压力，城市绿地与校园入口空间的重叠，也让朗朗的读书声成为城市生活的一部分。

除此之外，中学与小学的运动场分别位于校园东西两侧，面对运动场的开放式走廊同时也将校园生活向城市打开。

北侧架空空间

借景公园

公园远眺校园

校园整体用地为南北方向长、东西方向短，场地西侧是线性展开的城市中央公园。所以总图布局从一开始就在思考如何将校园向西侧的城市公园开放。设计中，建筑主体顺应场地南北方向布置，通长的连廊，在中间顺应地形微微弯折，像是伸出的双臂，拥抱着"运动广场"与马路对面的城市公园。西侧通长展开的立面，作为建筑最重要的立面向城市公园完全打开，深远的挑檐、上下跳动的楼梯、开放的运动广场与湖面，都在不断地加强着这种开放的姿态。置身其中，漫步在学校高高低低的长廊中，公园的风景就像画卷般徐徐展开，建筑将城市风光尽收眼底。

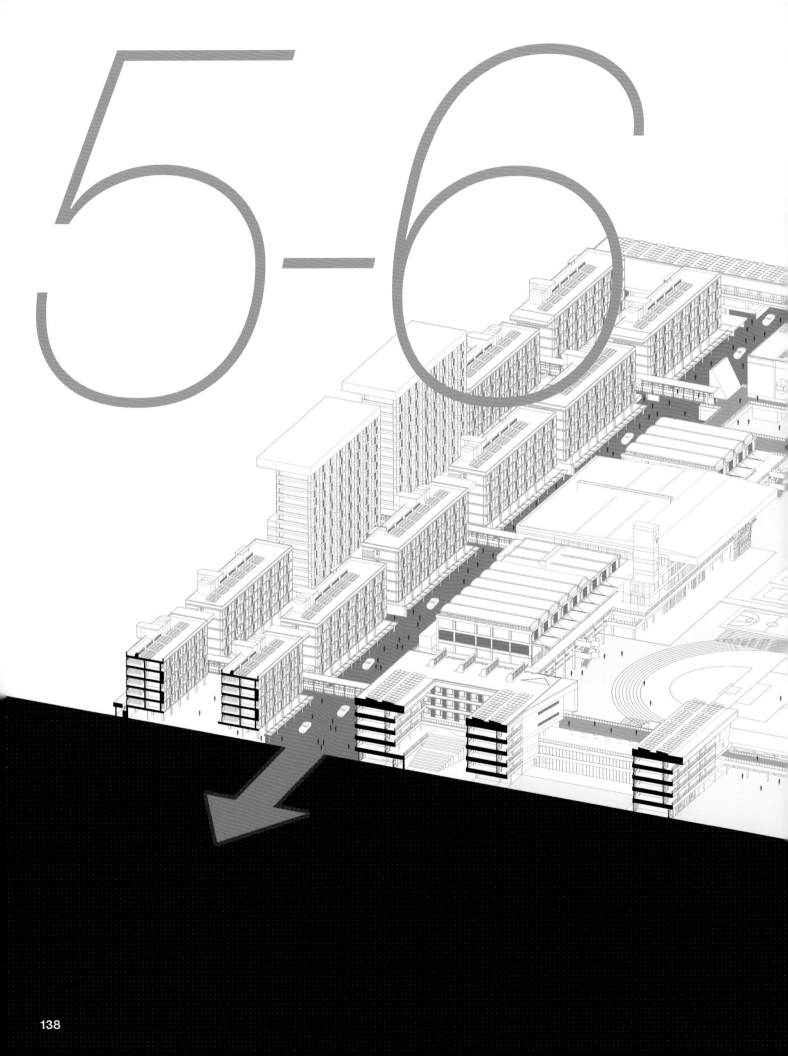

5-6

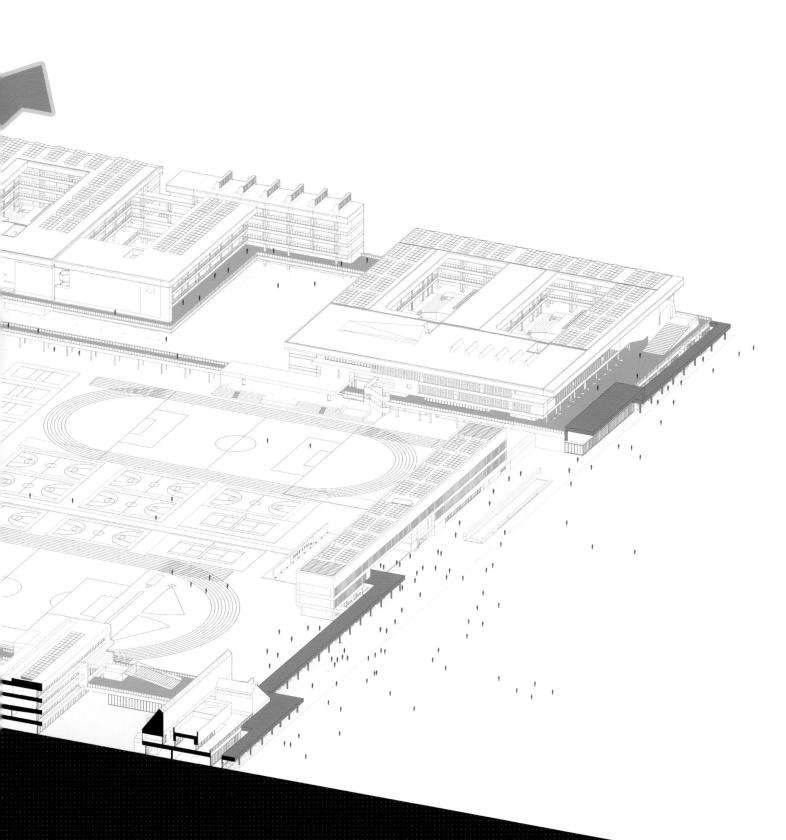

校园入口处的安全界面

开放式的架空连廊

华东师范大学附属常州西太湖学校是一个向内围合又同时向外开放的学校。因为校园规模很大，所有的建筑都沿周边布置，两片田径场及相应的体育活动设施位于校园中央，形成被周边建筑完全围合的内向型运动广场。但整个校园，除了北侧的生活区有传统的围墙外，其他东、西、南侧均没有传统意义的围墙，开放式架空连廊组成的安全界面既有效地保证了校园内部管理的安全高效，又将学校巧妙地融入周边的城市环境之中。

校园中另一个开放空间是南侧教学区与北侧生活区之间的通道。因为有大量的寄宿学生，为了避免周末大量接送车辆对城市交通的瞬时影响，我们将家长的接送与等待空间转移到了校园内部的这条通道上来，并通过东进西出单向行车管理，有效疏导接送人流。这是一条校园内部的通道，也是一条可以半"开放"的城市交通道路，同时也是家长与学校之间一条非常友好的"交互式界面"。

江苏省苏州中学东校区是一个改扩建项目，原址上是苏州医学院，后并入苏州大学，这里就变成了苏州大学南校区，再后来苏州大学独墅湖校区建成使用，这块用地就由政府划拨给苏州中学。地块西侧紧邻人民路，对面就是苏州中学及文庙，南侧还有可园与沧浪亭，整个片区历史文化底蕴浓厚。为了充分应对人民路古朴生动的城市界面，我们在校园边界很长一段距离上没有设计校园中常见的栅格式围墙，而是设计了一条临街水面作为校园内外的物理隔离，在视觉上强调了对人民路的开放性。

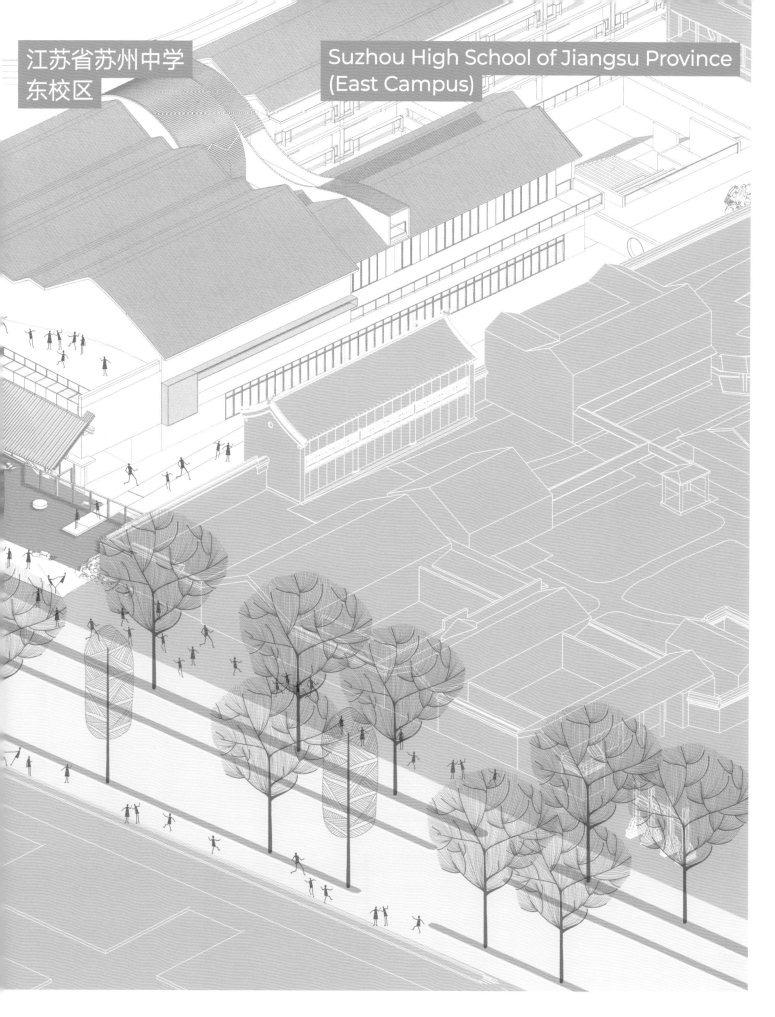

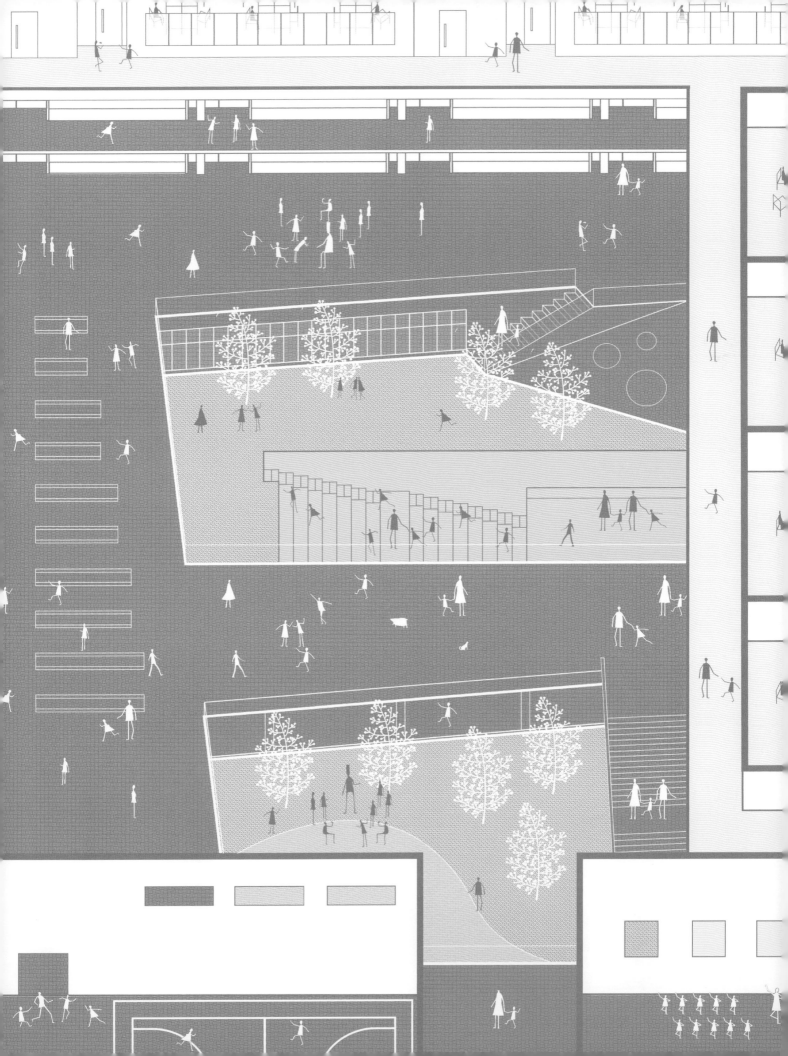

首层与双首层

First Floor and A Second First Floor

一直以来，地面似乎是组织功能与流线法定的第一界面。但随着城市与建筑的功能越来越复合，功能与流线的组织方式也越来越多元化，第二地面与多首层的设计方法在城市设计与建筑设计中的应用案例也越来越多。像加拿大卡尔加里的空中连廊，巴黎德方斯新城的二层平台，包括前几年刚刚修复开放的纽约高线公园，都是在城市尺度上通过"第二地面"的空间组织与人流组织，给城市空间资源带来了更多的便利。商业建筑、社区空间，尤其是近年所强调的大型综合体，第二地面甚至是多首层的理念都已得到了广泛应用。

这种设计方法同样也适合学校类教育建筑。教育建筑，尤其是中小学校，层数一般都不高，大多数为4~5层。因为有人流瞬时集中集散的特征，即使是大学，除了宿舍可能会为了节约用地而采用高层建筑外，大多用于日常教学的建筑也都还是以多层（不高于24m）为主。但学校的使用功能却相对复杂，有普通的教学空间或试验室，也有公共性的图书馆、STEM教室或其他如美术教室、餐厅等共用的教学设施或服务设施，还有像报告厅、风雨球场、游泳馆等这样大型的公共空间。全部的功能与流线都依靠地面层组织完成，并不是唯一合适的设计策略。因为在这种情况下，大家都要回到地面，然后才能到另外一个场所。最不利的情况便是，两种不同的功能都在五层，但不在一幢建筑之内，那么老师或学生就必须先下五层到达地面，然后再上五层，才能最终到达目的空间。但是如果我们在第二或第三层还有一层第二"地面"，这样人们就只需要下两层然后再上两层就能直接到达了。所以，我们往往会将第二或第三层作为第二地面，

并将主要的公共空间如图书馆、报告厅、风雨球场等都布置在第二层或第三层，在空中对功能与流线继续进行组织与分配。这样使得功能组织更加合理，同时在垂直向度上，各功能的连接得以增强，校园公共空间的公共性与可达性也得到提高，使用起来也更加方便。

一种新的双首层的出现也为学生亲近自然和感受大地带来了可能。"虽然身处早已垂直化的高密度城市，我们依然坚信，一个作为儿童们成长的微缩世界，应尽可能根植土地、最大限度地在水平向度延展并亲近自然。"[1]双首层正是通过在空中对大地的模仿与延伸，再造了一个空中地面。在 Open 建筑设计事务所设计的北京四中房山校区中，建筑师为了在局促紧张的用地中给学生提供更多的自然与开放的空间，在垂直方向上设计了多层地面。大地与第二地面连接在一起，自然也顺着蔓延上来，一个"花园学校"便诞生了。[2]

第二地面之上，风、光、雨、露的交替，以及屋面种植池的变化，将四季更迭的自然变化带入日常教学的生活中。新的设计理念与新的建造技术所创造的第二层甚至第三层地面，在人与自然之间建立了又一个自然的空间，让学生们不至于因为被迫离开了大地就必然地远离了自然。

[1] 何健翔. 从户牖到都市苍穹——深圳红岭实验小学校园设计笔记[J]. 建筑学报, 2020, 1.
[2] 史永高. 建筑的力量——北京四中房山校区[J]. 建筑学报, 2014, 11.

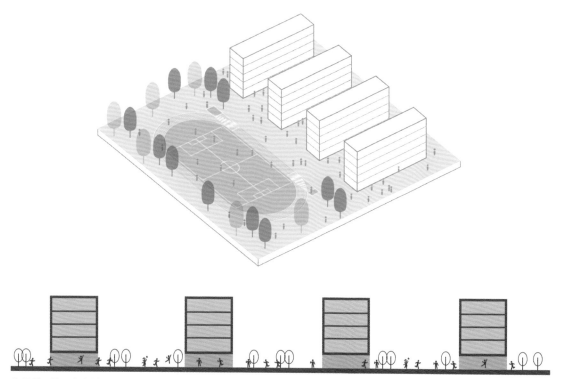

依赖首层地面组织校园

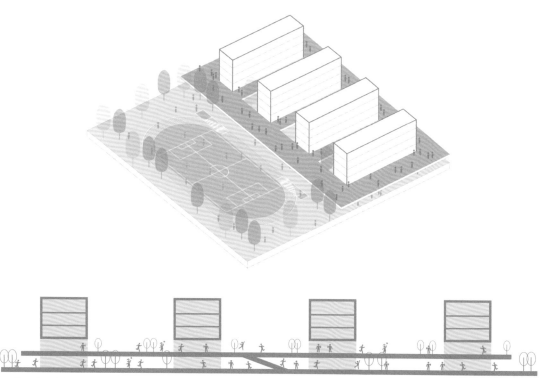

双首层地面组织校园

杭州师范大学附属
湖州鹤和小学

Huzhou Hehe Primary School Affiliated
to Hangzhou Normal University

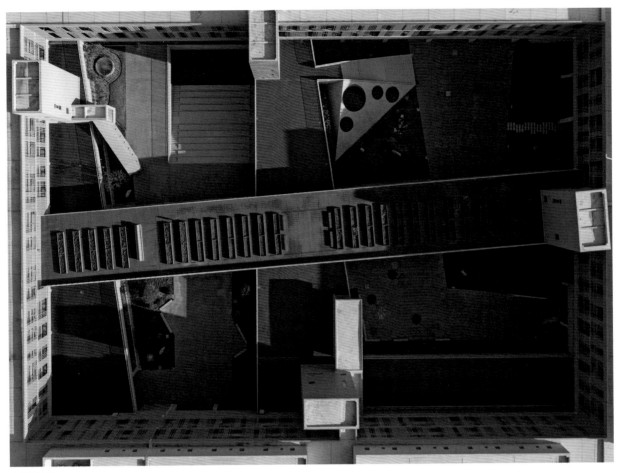

多层活动平台

鹤和小学建筑共4层，在垂直分区的设计中，采用的是经典的三段式做法。一层有部分架空空间，其余部分围合的空间主要也是以素质教育为主，如音乐教室、美术教室、舞蹈教室、体育活动室等。二层为中间过渡层，容纳了部分教学空间，并拥有宽敞而弥漫的屋顶活动平台。三至四层是严谨围合的整体，作为学校主要的教学空间。上层普通教学的部分做得尽量简洁高效，最大可能地将下部的空间释放出来，将最方便可达的空间让给学生，将自由开放的空间让给素质教育。同时形成了上下之间的第二层与第三层地面，为学生的课外活动带来便捷高效而又丰富多元的立体空间。

二层大量开放的屋顶活动平台，向内、向外、向东南西北各个方向肆意蔓延，这些蔓延的空间引导蔓

延的行为，将上部四合院向内的约束向外全方位突破。北侧厨房的屋顶向北展开，中间餐厅上方的屋顶向东、向内展开，并在西南角以宽大平缓的台阶和地面景观相连接。南北向的走廊、合班教室以及音乐教室上部的屋顶平台和各架空空间及走廊一起，在前后左右各个水平方向上以及上下的垂直方向上将各功能空间连成了一个整体。

图书馆上方的屋顶有各个班级领养的植物种植箱，是一个重要的自然教育的场所，也是三层高度上的第三地面，组织并连接三层高度上的各个功能空间。

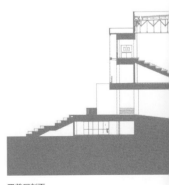

双首层剖面

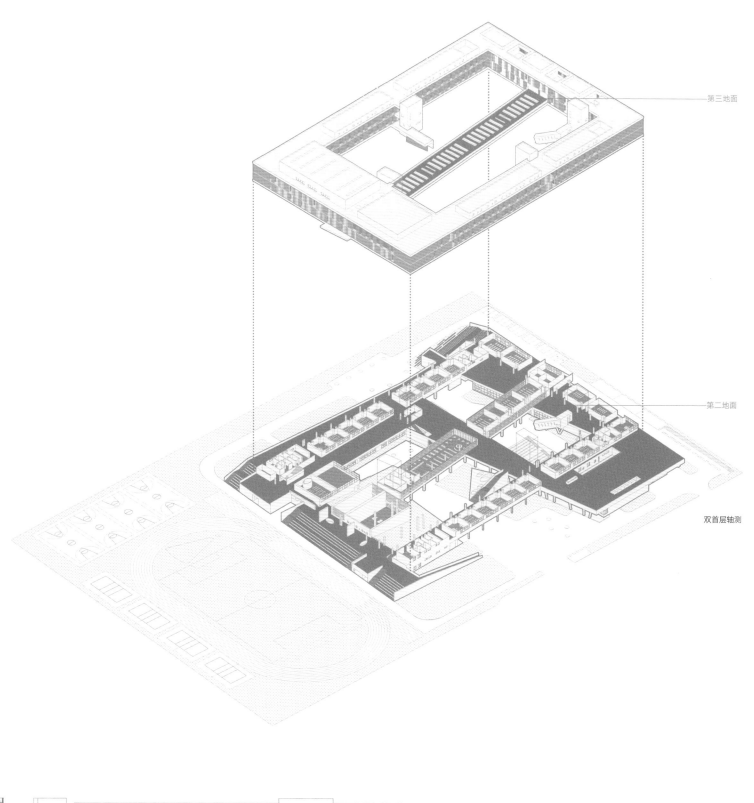

第三地面

第二地面

双首层轴测

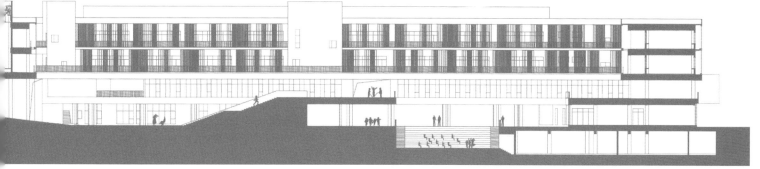

自由开放的第二地面

绍兴市上虞区第一实验幼儿园建筑主要分为上下两段，一层的圆形底盘，让给了自由开放的素质教育空间，二、三、四层为普通活动单元，形成一个规整的矩形，架在圆形基座上。与底层的地面相比，圆形的屋顶就是空中的第二地面，包含曲线的庭院和联系上下的异形楼梯，自由开放的空间既是孩子们可以自由活动的场地，也是可便捷连接上部空间的交通转换平台，为孩子们提供了富有趣味的立体游戏空间。

大面积的二层平台为幼儿园提供了丰富的室外活动空间，孩子们在平台上嬉戏玩耍，可以直接俯瞰周围公园的风景。同时，孩子们的欢声笑语也成为公园里最生动的人文风景。孩子们最喜欢的就是在户外活动，哪怕是在气温合适的季节，适当地感受一下风雨，对孩子们也是一种历练。开敞的平台上，孩子们可以在阳光下奔跑、嬉戏或者玩感统游戏。屋顶平台也让他们可以惬意地顺着围栏而坐，悠然自得地将脚悬挂在屋檐外，给操场上表演的小朋友鼓掌助兴。屋顶的"小菜园"还是天然的农耕教育基地，可以看着自己种的瓜果蔬菜慢慢长大，留下美好的童年回忆！

屋顶"小菜园"

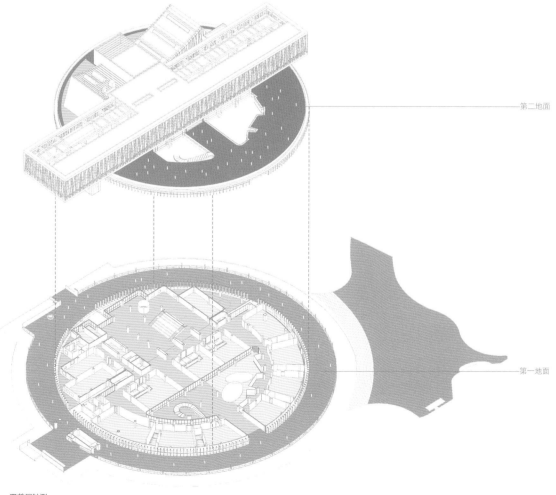

第二地面

第一地面

双首层轴测

6-3

多首层相连的校园空间

南京市金陵中学附属初级中学及小学是两个独立的学校，小学和初中分别在两个不同的地块，中间是一条城市道路。因为规划道路和流经其中（由东北向西南方向）的长江平行，所以南京河西一带的城市地块都不是正南正北方向，而是偏东南或西南45°。为了主要的教学空间能尽量朝向南北方向，设计中将教学楼也偏转了45°。两个学校的建筑体形在空间上，正好形成望向长江的视觉通廊，也因此形成了设计上的空间特征。学校的公共空间沿地块外围布置，斜向45°的教学楼位于地块核心。底层架空与风雨游廊衔接公共区域和教学区域，形成各功能区之间的过渡，同时在二层和三层的楼面分别形成校园的第二地面。

自由开放的第二地面在平面上，向各方向延展，多功能的景观楼梯可以方便地从一层地面到达位于二层与三层的第二地面，在增加各区域的可达性的同时，也增添了通过的趣味性。为了增加第二地面的公共性，小学与中学中的主要公共空间，如风雨球场、报告厅等都同时设计在二层或三层。风雨球场与报告厅都是比较大型的功能空间，放在上部时，在层高上与结构处理上也更加经济合理。平台上的种植池，有效柔化了建筑内外边界，并因为四季的更迭将自然的变化带入日常的生活之中。屋顶活动平台也同样结合自然生物等教学需要设置了不少屋顶种植农场，学生们可以亲自动手栽种、观察植物的生长。充分的第二地面与屋顶平台极大地丰富了同学们的校园生活，成为室内教学之外的必要补充。

校园内自由延展的第二地面

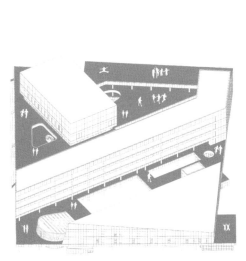
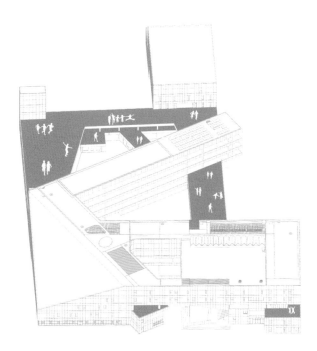

双首层轴测

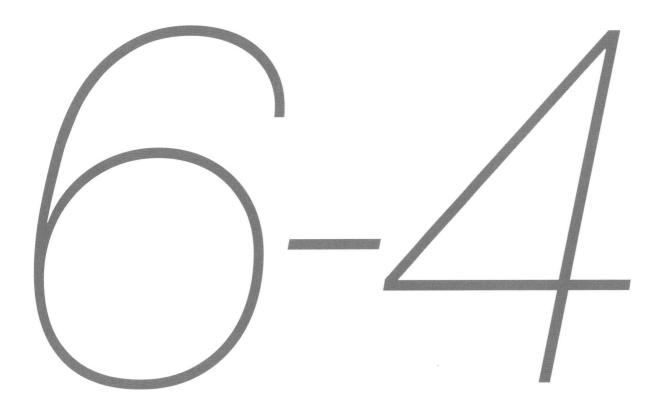

苏州工业园区星海实验中学沈浒路校区是一个相对比较极端的案例，建设规模为20轨60班，预留24班，也就是共有84个班。最主要的是，因为是高中，大多数同学都必须住校。但是学校的用地非常紧张，传统分散式布局根本无法满足规划指标，也无法充分保证必要的户外公共活动场地。所以，设计采用了高度集中的垂直叠加方式。建筑尽可能往上向空中发展，这样一方面能保证更多的地面活动空间；另一方面，利用向上发展的优势，在空中创造第二层地面，甚至是第三层地面，以满足上部户外活动空间的需要。

建筑在垂直空间上主要分为三段：底部五层是传统的教学空间；六层为行政办公，将同教学区与生活区连接同样紧密的食堂放在了七层，同时还在这个位置布置了相应的活动室与大量自由开放的空间；七层以上为宿舍区。将公共空间以空中地面的方式抬升至空中，成为教学区与生活区之间转换与过渡的公共场所，是七层，也是"一层"，同时也是同学们课余时间内非常方便且友好的交往空间。

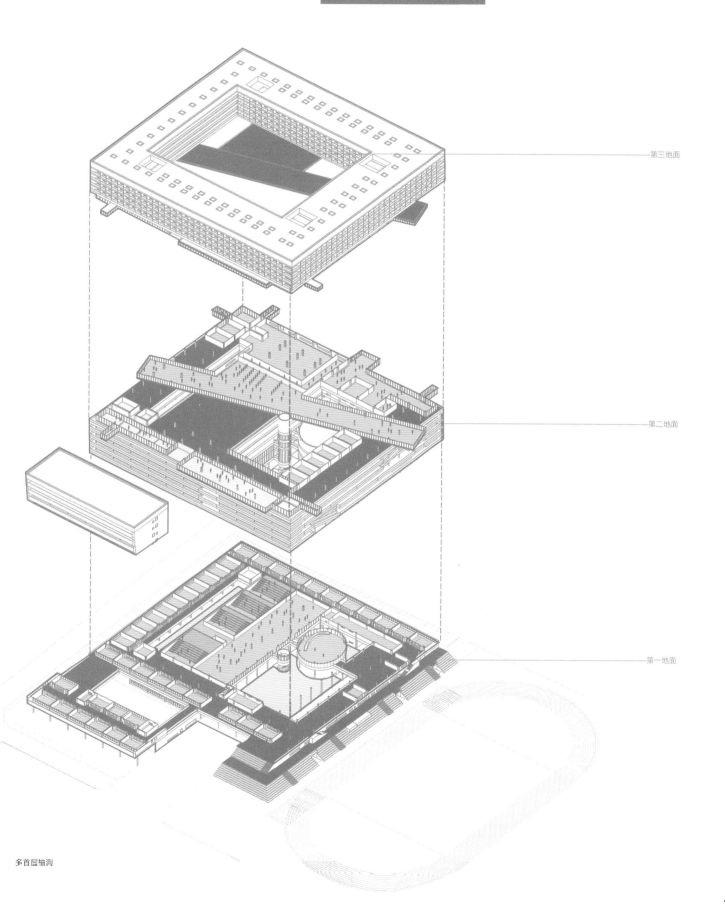

第三地面

第二地面

第一地面

多首层轴测

多首层的垂直叠加校园

空中公共空间

丰富友好的交往空间

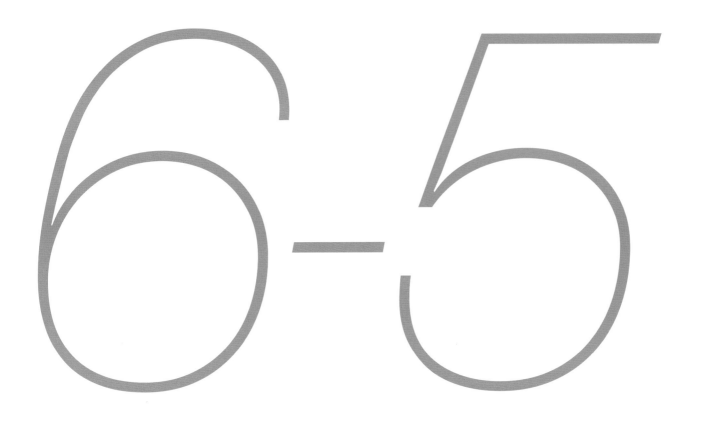

连接中央主通道与体育馆的台阶

苏州工业园区职业技术学院的功能分区比较简洁，北部布置的是普通教学区和实训教学区，南部布置的为学生宿舍、国际公寓、食堂、风雨球场及运动场等。校园通过架空连廊引导人流，一条宽9m的通道在一层与三层将南北相连，并有机串联各个单体，形成的第二地面，使得校园公共空间更为可达、连续，同时衍生出的大楼梯、看台等为学生提供了立体活动空间。

由于校园内建筑大多数为五、六层的多层建筑，三层的连接在使用中大大减少了人流上下穿行的频率。在学生宿舍西侧临运动场的立面，连廊穿越宿舍区时，在三层形成了观赏体育运动的平台。通道既是回宿舍的必经路径，也是老师与同学们在行走过程中相遇与交往的场所。空间既是作为行动的路径，同时也是行为的诱导。第二地面的设置极大地方便了教学区与生活区之间的连接，也同时增加了校园空间的趣味性，并有效地补充了地面空间的不足。

西临运动场的连接学生宿舍和教学区的开放式观赏平台

多首层轴测

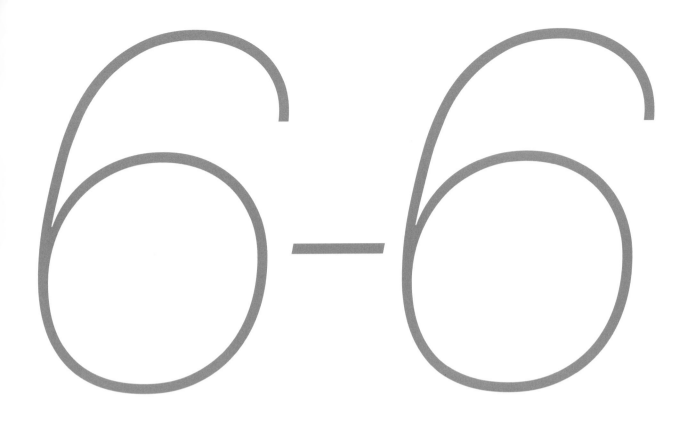

西安汽车职业大学空间上借鉴唐长安大明宫的布局，整体上方正而理性，空间上逻辑清晰、层次分明。校园在东西方向上主要分为公共区、生活区和教学区，其中公共区位于校园的核心。设计并没有通过形式本身的多样性来表达空间的丰富性，而是通过院落空间的组合寻找空间的变化与秩序。宽宽窄窄的连廊与平台，与建筑一起，围合形成大小不同的空间院落，并将整个校园建筑连接成一个有机的整体。这些连廊比较宽，它们在底层还是校园的展示空间与信息互换的交往空间，而在空中则因为连接并弥漫在整个校园，从而成为校园中重要的第二地面。

在校园最中心的公共区域，即由食堂、图书馆、风雨操场组成的核心公共区，底层同样为架空连廊，与自然空间相互渗透并彼此衔接，然后再分别向东或向西连接教学区和生活区。根据学校与老师们在实际使用中的信息反馈，平时大多数老师和同学都在连廊上面行走，从而到达各个相应的功能区域。校园建成后，我曾有几次回访，校长领着我参观时，每次也都是在空中连廊上行走。这不仅是因为作为第二地面的空中连廊更加方便，也是因为三层的视野更加开阔，带来了更好的行进体验。

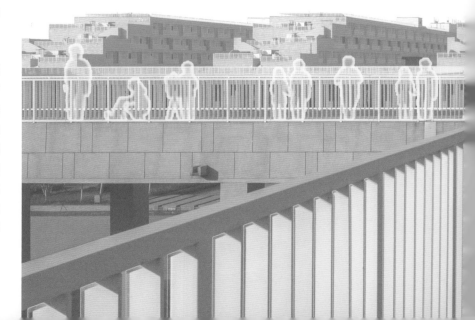

由架空连廊与平台衔接的有机校园空间

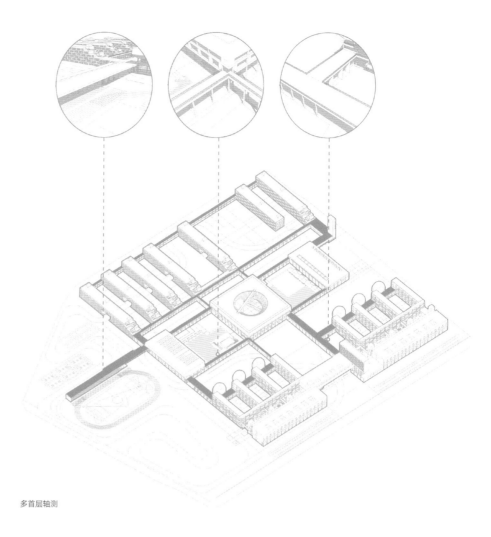

多首层轴测

自由开放的架空连廊

华东师范大学附属常州西太湖学校因为是一所包含了全年龄段基础教学的K12学校，包括幼儿园、小学、初中和高中，交通组织尤为复杂。整个教学区以开放的运动场地为中心，建筑沿四周展开，南侧为行政楼，西南侧为幼儿园，东侧是中小学，西侧是高中部与国际部，北侧为艺体楼、报告厅、风雨球场以及两个相对独立的食堂。教学区的北侧是学生宿舍与教师公寓，生活区与教学区之间是一条连接东西方向两个出入口的通道，作为周末以及早晚上学和放学时学生们的接送场地。

借助教学区这种围合式的空间布局方式，校园内的流线组织也因此形成了一个四周围合的闭合环路。为了充分发挥这个环路的空间组织效率，除了一层是一条完整的闭合环路外，在二层与三层也同时形成了另外两条基本闭合的空中环路。师生们可以从任何地方进入这条环路，也可以在这条便捷的环路上通过随处可见的垂直交通，便捷地到达校园中任何功能区域。尤其是第三层，这也是北部宿舍区进入南部教学区的主要楼层，而且最重要的大报告厅、黑盒剧场、图书馆、风雨球场等公共空间均在此层布置。第三层在实际使用中，已经是和第一层地面一样的事实地面，成为校园内使用频率同样很高的第二地面。

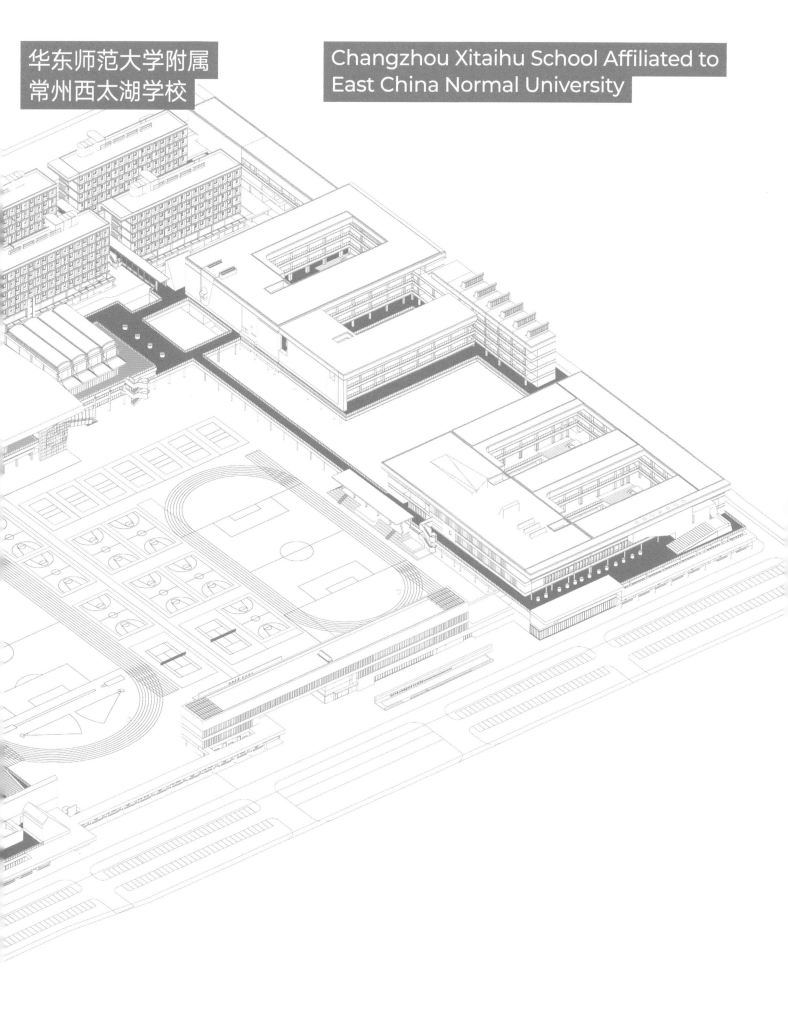

7 正式学习空间与 非正式学习场所

Formal and Informal Learning Spaces

正式学习空间与非正式学习空间可以用这样简单的方法来进行区分。正式学习空间是指有明确功能定义的空间,如普通教室、专业教室、图书馆、报告厅以及风雨球场等,而非正式学习空间是指除了这些功能空间之外的那些没有明确功能定义,却能被师生们方便使用的空间。正式学习空间必须是有完整界面的围合空间,这是由正式学习的功能属性所决定的。一方面是要方便教学,另一方面也要便于管理。

"非正式学习空间"的概念指向一种超越功能的"漫游空间"系统,包括但不限于交通、连接、中庭、天台和檐下灰空间,以及所有"无用"空间的复合体。相对于正式学习空间的明晰和确定性,非正式学习空间的场所张力来源于重返身体体验空间的本真过程,具有模糊边界和随机漫游的多义性、启发行为故事的情节性以及空间现象的透明性。[1]非正式学习空间是自由的,基本不需要围合,或者说至少不需要全部围合。它可以是半开放或全开放的空间,比如底层架空或露天屋顶等,都是非常有价值的非正式学习空间。

常规意义上的走道和楼梯不是非正式学习空间,当然更不是学习空间。普通的走道只是平面上,功能与功能之间联系的路径;普通的楼梯只是在垂直方向上,层与层之间联系的路径。但加宽设计后的走道,比必要的人流通行富余出来的部分就可以算是非正式学习空间。这种走道因为比较宽敞,学生们可以靠在一边作短暂的停留,或直接席地而坐,或彼此交流,或独自学习,而不会影响旁边的正常通行。

和简单的走道尺寸加宽相比,在某些特殊区段的

路径交叉节点,将走道局部放大,这样所形成的非正式学习空间体验更好!因为它们相对独立且更加亲切。同样,加宽的楼梯也能直接改变楼梯原本简单的上下通行属性,加宽的梯段更像是台阶式的看座。楼梯的功能还是行走,而台阶式的看座在形式与功能上都更欢迎你坐下。

此外,底层架空和屋顶平台,都是天然的非正式学习空间。底层架空遮蔽风雨,是天然的聚集、等待、交流的空间。而屋顶露台是对户外活动空间的有益补充,通过引入种植池,一个亲近自然的学习场所就形成了,屋顶是学生感受四季变换的非正式学习空间。

其实我并不太喜欢非正式学习空间这个定义。因为非正式学习空间还是学习空间,而我更愿意把它们称为非功能空间。在非功能空间里,你可以非正式学习,更可以完全不学习,休息与闲聊也是生活的重要组成部分。

人们经常说,你业余时间所读的书往往决定着你的工作能力;人们经常还说,你工作之外的生活品质才能真正反映出你的生活质量。其实建筑与人同理,尤其是在我们还处在发展过程中,当下空间的效率是衡量我们经济效率的重要指标,但城市生活与建筑水平已经得到了长足的发展,在这样一种新的社会背景下,对教育建筑来说,非正式学习空间所占总建筑体量中的比例以及非正式学习空间的品质,将同样反映这所学校的总体空间品质!

[1] 孙磊磊,黄志强,唐超乐.叠透与弥散:非功能空间的可能性[J].建筑学报,2017,6.

正式学习空间

普通教室

多功能厅

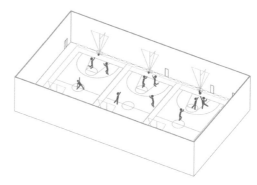

风雨操场

非正式学习场所

架空层

加宽走廊

绿坡

大楼梯

攀爬墙

种植层面

7-1

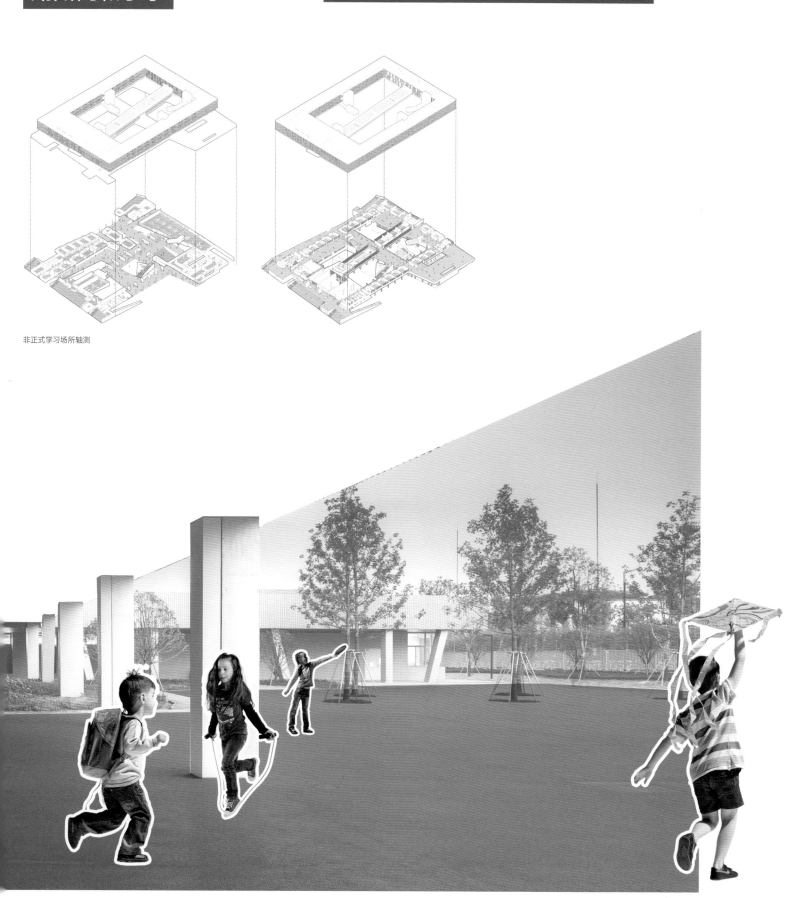

非正式学习场所轴测

杭州师范大学附属湖州鹤和小学的一层、二层与三层都有各种不同类型的非正式学习空间。一层有大量的架空，架空空间的侧墙上有圆形和矩形的烤漆钢板，钢板上可以涂鸦，也可以用磁扣吸上自己的作业或者绘画。西侧通往地下室的楼梯是被加宽的，形成了一个露天的阶梯教室。东侧有一处通向二层的绿色坡地，因为比较宽，上面还有顶，成为最受同学们欢迎的空间之一。二层与三层除了部分架空空间外，餐厅上部与图书馆上部是两处很宽阔的屋顶活动平台，三层上的平台是同学们自己种植的不同季节的植物，是他们认识自然的重要学习场所。

客观上讲，作为教授知识的日常教学，其质量主要取决于老师的教学能力与教学方法，场所除了对面积、采光等物理属性有必需的要求外，对空间其他价值属性的依赖性并不大。然而，作为课堂教育的必要补充，诸如课外活动、自由交往、闲暇游戏等，越来越成为学习与成长的重要组成部分，对于当今教学模式也尤显重要。鹤和小学就是在这种全方位思考的前提下，通过丰富的公共空间建立友好的交往界面，从而积极地推动行为"诱导"，以"非正式学习空间"为主导方式，以素质教育优先为姿态，"倒置"了原本传统的教学功能，并重新定义了新的教学模式与校园空间形态。

底层架空中可涂鸦的烤漆钢板

楼梯旁可以攀爬、休憩的坡

竹木材质限定了开放式的半户外教室

7-2

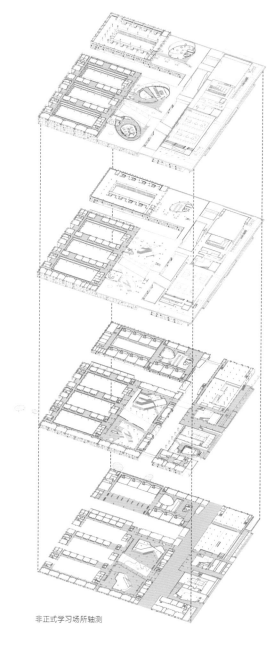

非正式学习场所轴测

苏州湾实验小学及幼儿园是一次对校园空间范式重构的研究实验。设计将多重类型的"学习场景"拓展、融合、纳入一座约200m见方的围合式空间体系——仿佛"城中之城"的巨构系统，一个集合化的空间乌托邦。

朝向城市干道的主入口南侧是以3个椭圆形构筑物引导家长等候、聚集交流的过渡型空间；正对内部中轴的是18m宽的"中央游廊"，也是社会与教育互动的视觉通廊。整座学校的空间气质与场所张力的建立，源自于内与外的空间流动，起始于内部空间对城市空间的援引和汲取。作为引领地位的非功能空间，"中央游廊"的作用首先是将城市空间引入、内化，并且与内部教学空间的集群交叉融合，产生碰撞、互动的紧密联系。它的形式特质则由若干空中连廊、城市化和广场化的景观地面以及层叠和渗透性的围合界面共同定义，营造独特的仪式氛围和场所感。在此基础之上，形成的多层级漫游空间体系，是整个校园的非正式学习空间，交流、等待、嬉戏等自主性学习行为，在空间的引导下，自然生发。

中央游廊的西侧，三个椭圆形空间的下方，是三个半开放的共享大厅。共享大厅，既是功能上的交通枢纽，也是可停留、可交往的非正式学习空间。东侧的舞蹈教室是全透明的落地玻璃，旁边便是通往东侧运动场的路径，舞蹈便成为路径旁最美的风景。

小学南侧可停留、交往的共享大厅

透过运动场看楼梯背后的舞蹈教室

院落中的楼梯通向东侧的运动场看台

徐州市沛县文景学校

Xuzhou Peixian Wenjing School

徐州市沛县文景学校的主入口在校园的西侧。西侧的综合区与中间的教学区之间是一个五层通高、南北通长的共享大厅，大厅内上方是侧向天窗采光，经过反射后的光线自然而柔和。由于南北方向较长，为了降低空间的尺度，同时也为了更便捷地解决西侧综合区与中间教学区的联系，大厅三层的位置上增加了一条东西方向上的走廊。整个大厅从南到北被划分成前后两进空间，共享大厅是最好的非正式学习空间。大厅北侧、西侧阶梯教室的阶梯同步向东侧的大厅内延伸，它们既是楼梯又是台阶，既是空间又是形式。它们与中间的空中连廊、南侧的开放式楼梯以及两边的走廊一起，形成了丰富而多样的空间变化，是共享式非正式学习空间中非常重要的空间语言与形式语言。

东侧的综合区与中间的教学区之间也有一处共享空间，规模比西侧的小，也是非常有趣的非正式学习空间。在南侧三楼，将阶梯教室中的阶梯同样向走道外延伸为半开放式的台阶，这个手法与西侧共享大厅一楼的手法相同，在空间上彼此呼应。

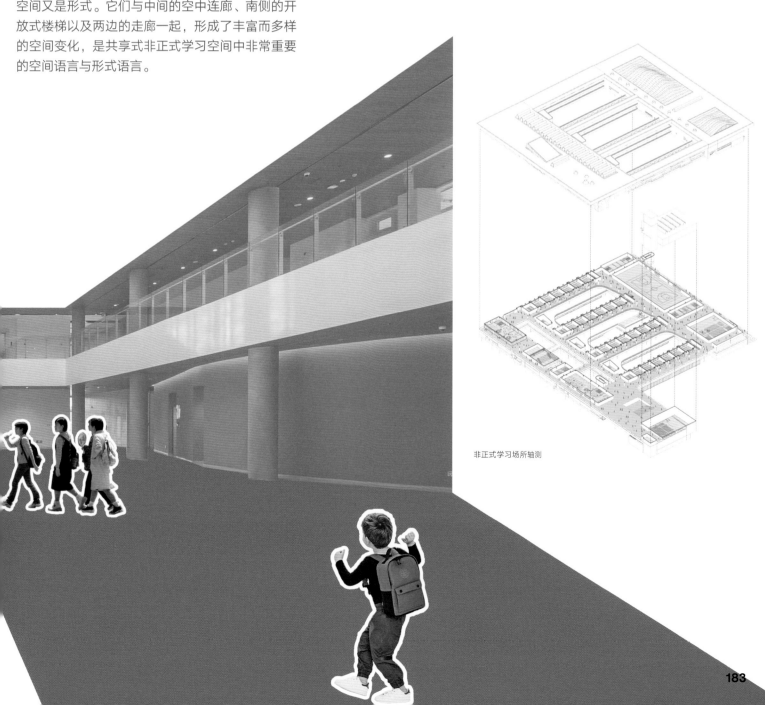

非正式学习场所轴测

183

综合区与教学区之间的共享大厅

共享大厅一侧的活动阶梯

可停留、交往的共享空间

院落中开放的活动大楼梯

7-4

华东师范大学附属常州西太湖学校是一所从幼儿园到高中，各个年龄阶段都有的 K12 综合性学校，高中部还有国际部。校园的总体布局是所有的建筑沿周边向内围合布置，中间是两片田径场与各类球场。

因为学校规模比较大，各个学部之间的距离也比较远。所以，非正式学习空间也就相应地分布在各个学部之中。因为这个学校是一个完整的整体，为了方便并有效地统领各个不同的功能空间，设计中植入了一条公共环道，这个环道在一层、二层与三层标高上都有丰富的连接，将整个校园连成了一个有机的整体。因此，各个学部中的非正式学习空间在空间设计与平面布局上共同遵守了两个原则：一是主要的非正式学习空间都集中在校园整体的内环通道上；二是主要的非正式学习空间首先布置在一楼，并与该学部的主要出入口相连。所以学校内的非正式学习空间既是相互独立，分散于各个学部之内的片段空间，又在整体上形成了一个更大规模的非正式学习空间环。位于教学区北侧的餐饮与艺体综合楼是整个学校的公共共享资源，相应地，这里也是非正式学习空间环上最丰富、最便捷的空间节点。

位于校园核心区域的南北通长连廊是一个包罗万象的智慧游廊。作为复合功能的连接体，这个智慧游廊容纳了多层级的非正式学习空间。第一个层级是连接了诸如学生餐厅、舞蹈教室、报告厅、图书馆、校园文化展示等校园公共空间；第二个层级，就是诸如架空层、外挂楼梯、露天平台、风雨走廊等开放与半开放的公共空间；第三个层级是从北到南，宽度上在不断变化，宽的地方同时包含了通高的门厅、社团活动室以及其他相应的非功能性空间。非正式的复合功能，多样化的共享空间，为学校师生提供了丰富有趣的空间体验。教学楼与智慧游廊水平连接，各层都可以方便到达，有组织或无组织的课外活动都汇集在这通长的游廊之中。学习不止在课堂中，在这个非正式学习空间的各个角落，不同班级、不同年级的同学们共同参与其中，一同阅读、讨论、观展、运动、游戏、交往。

南通市
能达中学

Nantong Nengda
Secondary School

智慧游廊中的共享中庭

自由开放的屋顶平台、外挂楼梯、架空空间

7-6

江苏省黄埭中学是一个改扩建项目，其中有需要保留的建筑，有需要改建修复的建筑，有需要拆除的建筑，还有需要补充新建的建筑。项目任务书也非常清晰，有吃饭的食堂，有睡觉的宿舍，有上课的教室，以及图书馆、报告厅、办公室等，所有必须配备的功能一应俱全。但这同时也是一份极其功能（利）主义的项目任务书，没有任何"多余"的空间。这种功能主义的潜在前提就是：学校是用来读书的（尤其是高中），学习是为了考试，吃饭、睡觉也都是为了考试。但在设计中，我额外增加了4000多平方米的"多余的空间"。表面上看这4000多平方米的开放与半开放连廊，只是把原本各自独立的新老建筑连成了一个整体，但实际上的意义要比这大得多。这并不是一个简单的物理空间上的风雨走廊，而是在对行为与路径的分析与研究中，重新建构了一种新的非正式学习的文化场所。这里是走道空间，也是展示空间，可以是交往空间，还可以是等候空间。有时候没有用的空间却是最有用的，交往与自我发现本就是成长的重要组成部分。

新增的"多余的空间"——连廊

立体通行空间也带来自由交往的校园底层空间

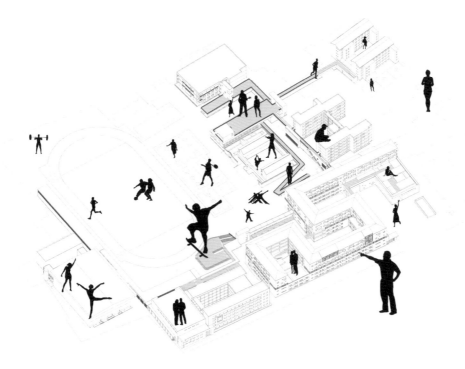

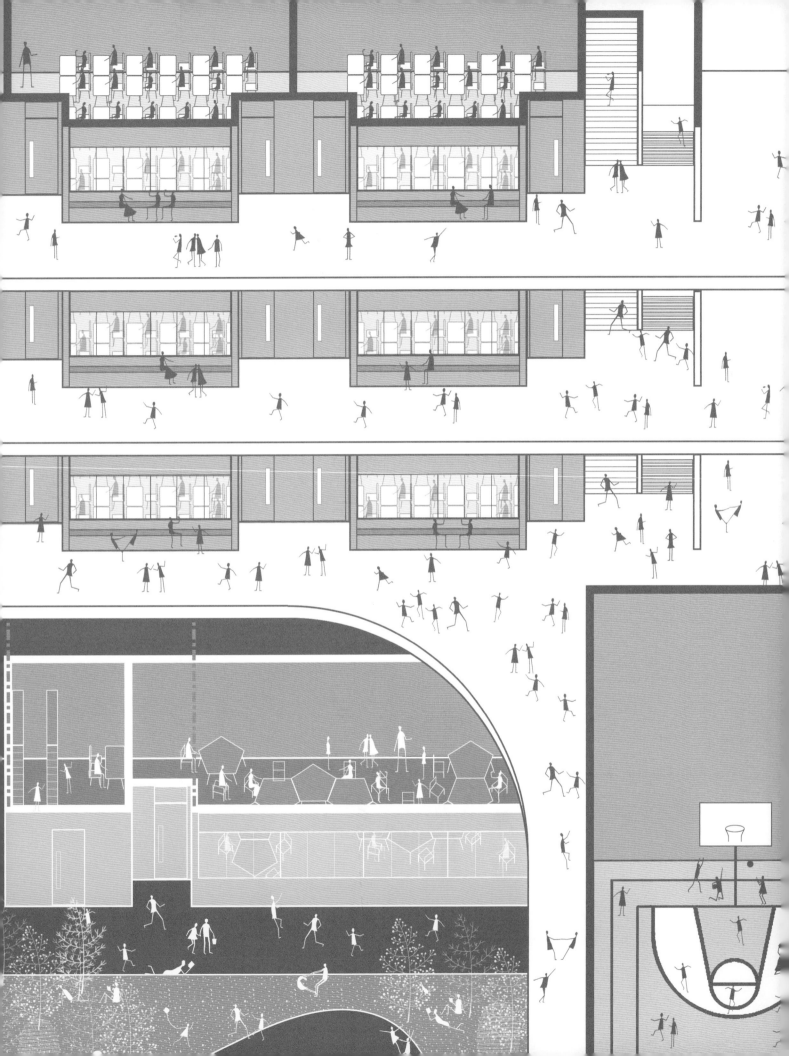

8 水平分区与 垂直分区

Horizontal and Vertical Zoning

学校建筑有一个比较明显的特点，就是不管规模大小，功能都比较复杂。有普通教学空间，还有实验室、计算机房、舞蹈教室等素质教育的空间；有融入教学空间之中方便师生交流的教师办公室，还有需要相对独立、尽量避免干扰的行政办公室；有厨房、餐厅以及宿舍等生活用房，还有风雨球场、报告厅以及游泳馆等对空间要求比较大的综合性公共空间。所以对校园建筑来说，总图设计中，交通组织是否合理、功能分区以及相互联系是否有效是校园设计中最重要的一个环节。

一般来说，当用地比较宽裕的情况下，在平面上组织交通与功能是相对方便的，也是之前和当下校园规划中最常见的设计方法。但随着城市化发展速度不断加快与城市规模的不断扩大，城市的可建设用地越来越紧张，教育建筑的用地同样也越来越紧张，而与之相对应的却是校园规模越来越大。

经过多年的实践摸索，我发现在用地条件不太宽裕的情况下，通过垂直方向上的功能组织与分区是一个比较有效的设计方法。通过对校园功能进行重构，将不同空间性质的功能在竖向上进行叠加，形成清晰的垂直功能分区，通过垂直方向与水平方向的双重联系，形成多元有机的整体。

规范对中小学校的层数和高度有明确限制（小学的教学楼不超过4层、中学的教学楼不超过5层），因此在垂直分区中，普通教室不能无限地向空中发展。但规范对办公用房和公共服务设施的

高度并无明确限制。通过对此的合理利用，以及对地下空间的综合考虑，能有效释放地面的压力。有时甚至运动场也会被纳入垂直分区的考量中，我们在深圳"8+1"建筑联展的人民小学参赛案中，就将200m跑道的运动场提到了22m标高处的学校屋顶，从而在运动场下释放出巨大的共享空间。在必须同时满足现行规范的前提下，校园空间在竖向上的突破，可以明显提高土地利用效率，对一些用地局促的项目来说，更是带来峰回路转的空间布局上的突破性创新。[1]

在垂直分区的设计中，通常会将标准化的空间，如普通教室、行政办公、宿舍区等，置于上部，一方面是为了获得更好的通风采光条件，另一方面也相对安静。下部设置实验室、计算机教室、音乐与绘画教室等对阳光要求相对较低的特殊教室，以及餐厅等生活服务设施。图书馆、报告厅、风雨球场等跨度大、空间要求高的公共空间，有时也会放在二层或三层以上的位置，这样结构比较合理，还可以利用天窗补充光源。这时，一般会结合这些重要的公共空间，在同层设置第二地面，以强化并疏导功能组织与交通组织。

垂直分区作为城市化进程中的产物，通过功能的垂直叠加，转变传统校园空间的布局范式，其本质是通过功能整合、空中发展、空间补偿等建筑手段，在高密度的城市环境中，挖掘密度的潜能，实现建筑空间的质与量的同步协调与提升。

[1] 朱涛，边界内突围 深圳"福田新校园行动计划——8+1建筑联展"的设计探索[J]．时代建筑，2020，2．

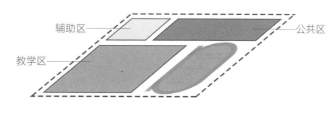

水平分区的传统校园模式

通常一栋楼就是一种功能

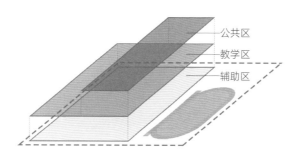

垂直分区的活力校园模式

不同性质的功能在垂直方向上叠加

8-1

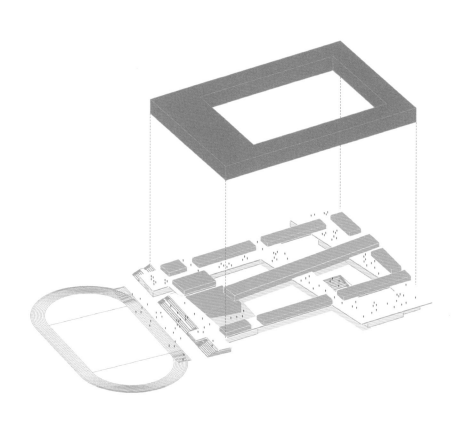

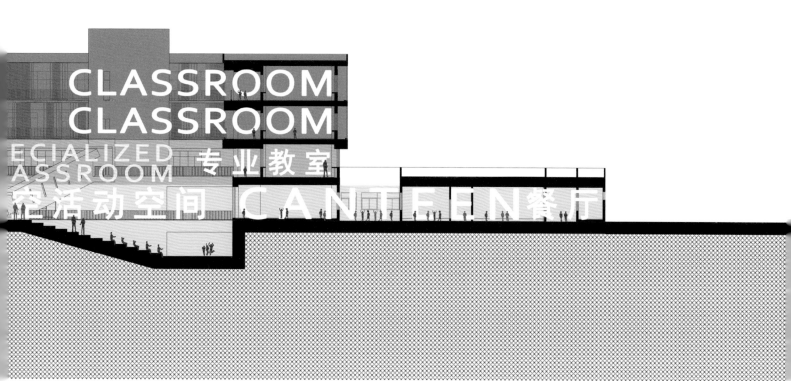

CLASSROOM
CLASSROOM
ECIALIZED
ASSROOM 专业教室
空活动空间 CANTEEN餐厅

杭州师范大学附属
湖州鹤和小学

Huzhou Hehe Primary School Affiliated
to Hangzhou Normal University

杭州师范大学附属湖州鹤和小学的主要功能是在垂直的剖面方向上进行分配布置。其中最主要的普通教室布置在离地面较远的三、四层平面，而离地面较近、相对方便的一、二层空间中，大多布置的是没有具体功能的架空空间以及一些与素质教育相关的舞蹈教室、音乐教室、美术教室、计算机教室等专业教室和合班教室及餐厅、厨房等。

这种将基础教学空间放在上面，而将素质教学空间放在下面的设计方法，其实是以空间的态度表达着对当下应试教育体制的一种思考。建筑师不能改变某个行业的行业规则，但素质教学空间优先于基础教学空间的布置，至少是对应试教育的一种必要的补充。底层作为基座，二层为过渡层，三、四层是一个完整围合的整体，建筑空间在形式上也直接反映着这种功能分布的设计逻辑。

普通教室布置在三、四层，一、二层空间布置的是没有看具体功能的架空空间以及素质教育的空间

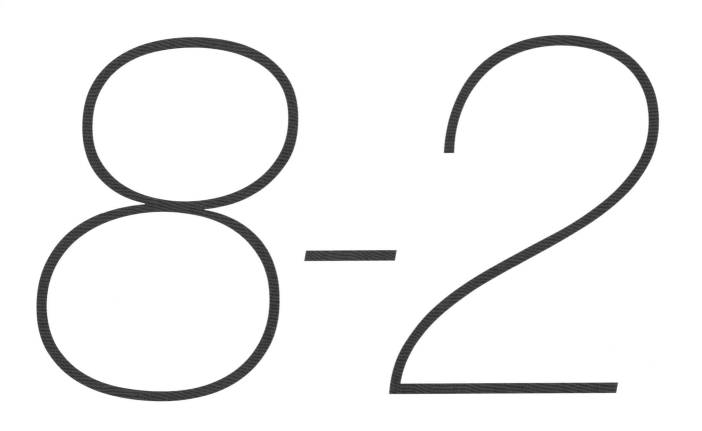

INNER 风雨球场 CLASSROO

PLAYGROUND 普 通 教

ACTIVITY ROOM 活动室 CLASSROO

CANTEEN CANTEEN 普 通 教

餐厅 CANTEEN 餐厅 ACTIVITY

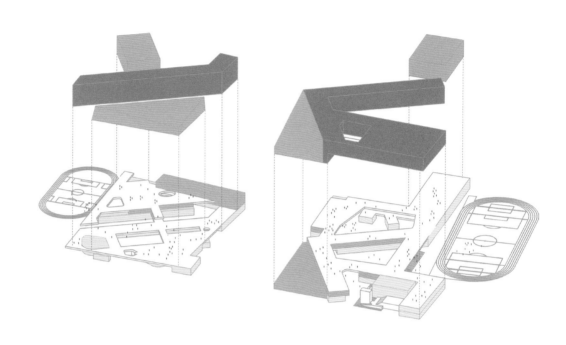

阶 梯 教 室
LECTURE THEATRE
CE 活 动 空 间 MEDIAROOM

因为用地本就不宽裕，再加上用地偏东西方向45°。如果还是按照传统的平面分区方式，普通教室的日照时间很难满足相应的规范要求。所以设计中两所学校的普通教室都设置在二层以上，而将一些对日照要求不高的专业教室或辅助功能的教学空间放在底层或沿街布置。这种设计不仅满足了规范，很好地保证了普通教室的日照时间，而且将图书馆、报告厅以及风雨球场等大型公共空间在二层（小学）或三层（初中）沿城市道路布置，校园建筑因此在立面上形成了公共建筑的造型与气质。

普通教室布置在二层以上，专业教学等辅助教学空间位于底层，大型公共空间在二层或三层沿道路布置

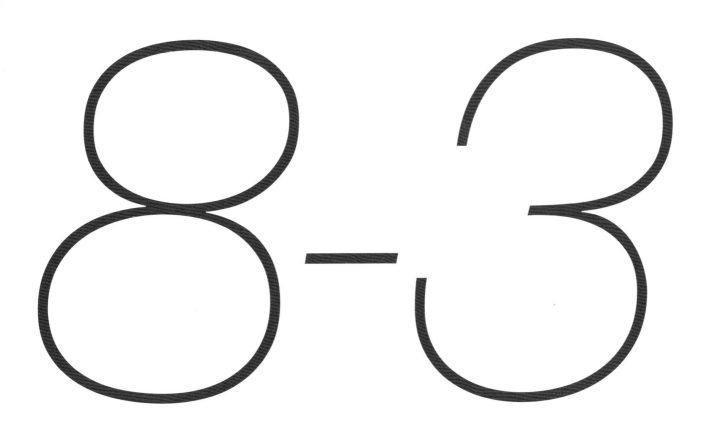

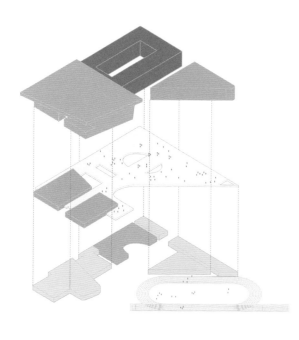

苏州工业园区星海小学星汉街校区位于金鸡湖商务区湖左岸小区的西侧出入口的南侧。这是一个典型的城市核心区高密度、高容积率的学校。因为用地很小，整个学校就只是一幢建筑，底层为餐厅、图书馆、学生活动中心、阶梯教室等公共性较强的空间，上部为空间要求比较大的风雨球场、报告厅和对阳光要求比较高的普通教室。

底层布置公共性较强的空间，上部为空间要求比较大的风雨球场、报告厅和对日照要求高的普通教室

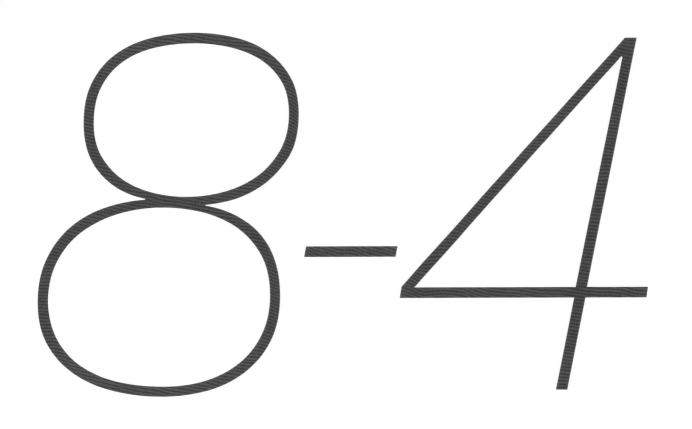

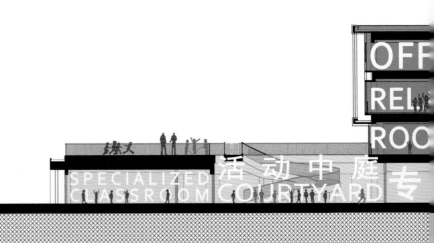

绍兴市上虞区第一实验幼儿园

Shaoxing Shangyu First Experimental Kindergarten

绍兴市上虞区第一实验幼儿园垂直方向上的功能分区能在外部形式上一眼就辨识出来。底层圆形部分是公共教学部分，二、三层为幼儿园的主体功能——各个班级的活动室与休息室，四层一部分为行政办公（包含集中在顶层的空调外机及部分设备用房）。

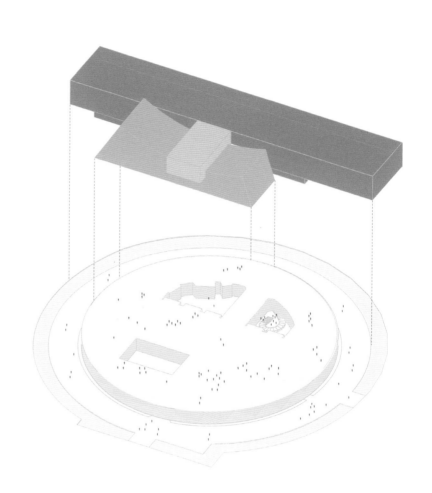

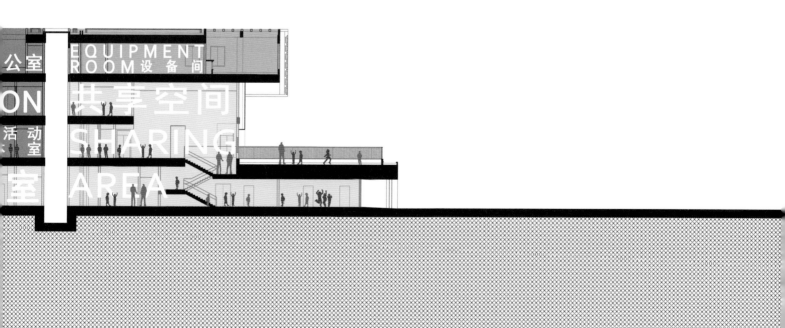

底部圆形为公共教学部分，上部为幼儿园主体——各班活动室与休息室功能

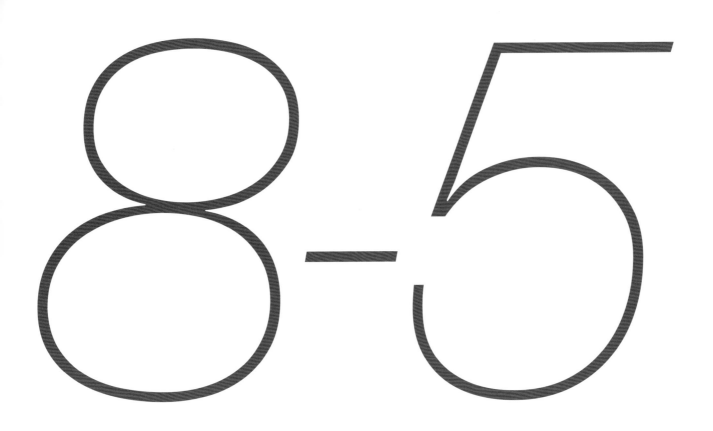

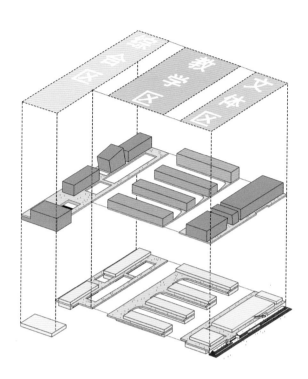

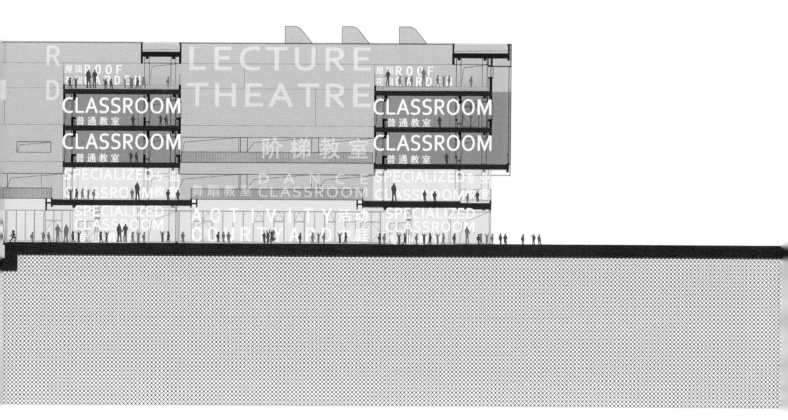

徐州市沛县文景学校是通过水平分区与垂直分区两条线索同时完成的。

首先是在平面上将公共功能，如图书馆、报告厅、合班教室与风雨球场、餐厅等布置在东西两侧，而将教学功能布置在两侧公共空间之间。这样，就既避免西侧城市道路上交通噪声的干扰，也隔离了东侧运动场上的噪声。同时因为东西立面都是城市的主要立面，公共空间容易形成公共性的建筑形象。

其次是在垂直方向上，将中间部分的教学区分成底层的专业教室与上部的普通教室。这样，一方面能保证上部普通教室获得最长的日照时间，另一方面也使得底层的专业教室获得比上面的普通教室更大的面积。底层专业教室上部屋面向南侧突出的部分在二楼形成了宽大而连续的活动平台。这些平台向东西延伸，连接两侧的公共空间，再加上加宽的台阶与活跃的楼梯，使得二楼作为第二地面，为学生与老师提供了丰富而多变的校园活动空间。

公共功能位于东西两侧，中间为教学功能

普通教学在上部，底部是专业教室

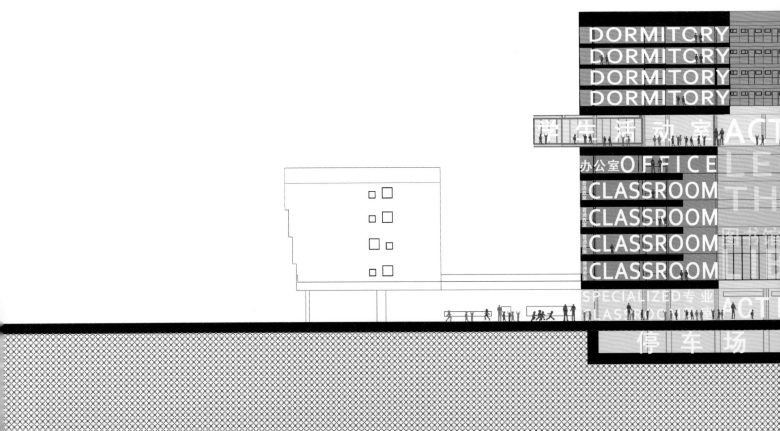

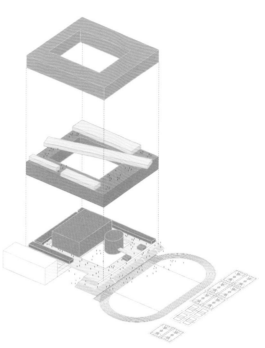

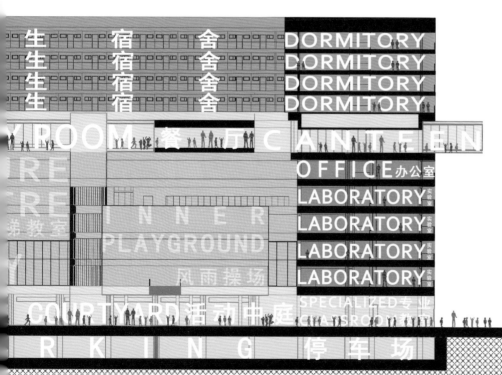

这个学校在南北方向上分为一个5层的初中部和一个11层的高中部。初中部规模较小，且没有住宿生，功能与空间组织相对简单。高中部为接近方形的综合楼，各功能围绕中间的庭院在垂直方向上依次分布。

一层围绕中间庭院设置了各专业教室，方便各层学生到达。二至五层的南侧与西侧主要布置普通教室，这两个方向能保证教室满足规范上的日照要求。北侧阳光不好的位置为专业教室，东侧面向运动场，因为有噪声影响，设计为开敞的架空空间，既提供了很好的校园及城市视野，也同时作为同楼层同学们的课外活动场地。庭院中部二、三层为局部2层通高的图书馆，四、五、六层为3层通高的报告厅及风雨操场。

六层西南位置为初中部的行政办公及相关配套空间，东南位置为高中部行政办公及相关配套设施，北侧为公共配套的各教工活动室。这种将行政办公功能在一层中整体设计的布局方法，在工作、课余时段都为教职工创造了很好的沟通与交流的机会。

七层是生活配套及公共服务部分，上承学生宿舍区，下接主要教学区，主要布置的是学生餐厅、教工餐厅及环布东、西、南侧等各个区域的学生活动室等。这是一个在垂直方向上承上启下的重要转接空间，同时还提供了充足的室外平台。它不仅为近3000名师生同时就餐提供了必要的疏散场地，而且也是重要的空中花园。在垂直方向上，提供了丰富立体的室外庭院空间。

八至十一层为宿舍区，其中西侧八、九两层为青年教职工宿舍，十、十一层为特殊学生宿舍，均有独立门厅进入。其余均为普通学生宿舍，每层宿舍区均有必要的管理及配套用房。

充分利用竖向空间，进行垂直方向上的功能分区，与利用平面空间进行水平方向上的功能分区，在空间策略上其实是同一个逻辑。

高中部为方形综合楼，生活服务区置于七层，上部为宿舍区，下部为教学区

9 单列空间与
复合空间

Unilinear and Composite Spaces

虽然教育空间的形态一直随着认识论的范式不断地变化，但教育的主要思想基础仍然未脱离以知识学习为主导的认识论的范式。[1]在此基础上衍生出的校园空间形态一直将知识的传授作为校园的统领空间，教学空间即为空间的主角。不仅通过轴线强烈的空间等级来凸显教学空间的主导地位，而且通过刻板单调的功能单元来不断强化这种规训，致使学校其他功能空间皆处于从属位置，"学校变成了学习的机器"。[2]

与之相反，教学综合体首先在空间形态上破除了传统校园里一栋建筑承担一种功能的单列式空间模式，随之而来的就是原本有关轴线带来的空间等级的消解。这种多功能集约化的复合空间，一方面极大地提高了土地利用率，缓解了城市化发展带来的土地资源紧张的问题；另一方面，教学综合体对原本规训化范式空间的打破，也正是对应试教育体制和模式的反思与批判。知识不止在课堂中，还在于情感体验、人际交往、生命意义，是求知过程中不断探索的领悟。在此基础上，校园空间应当"突显学生的主体性、独立性、能动性与独特性，使学生能够积极主动地学习和进行深层次的认知，培养他们探究、合作、创造、实践等多方面的综合能力。"[3]而教学综合体正是为多元发展的新的教育理论提供了平台。

很多学校设计都会有一个入口广场，也称礼仪广场。宽大的广场比较气派，但这种过于严肃的空间，往往通过暗示着某种纪念性而排斥着鲜活的日常生活，同时还非常费地。相比之下，我更喜欢那些融入日常教学活动中，弥漫在教室周围的户外空间，这些空间更加亲切而自然。实际上，在用地越来越紧张的城市环境中，与其占用很大的空间设计所谓的礼仪广场，倒不如向内探索。将有限的空间从户外转移到户内，一个很小的户外广场转移到室内也是一个很大的门厅。门厅是重要的公共空间，也是重要的交通转换枢纽。因为在室内，不受雨雪等自然气候的影响，空间的使用效率与功能的适应性也提高。这种设计往往很容易成为校园中最具特色的空间节点，并成为整个校园中最具文化特殊性的交往场所。

除此之外，我还比较喜欢在图书馆、报告厅或风雨球场等大型公共空间外，设计一些与这些功能相结合的中小型半开放空间。这些空间有时是内部功能向外部的延伸，有时就是没有明确意义的自由场所。它们作为功能空间之间的介质，通过并置与交织的方式将原本零散的功能空间组合成高效的教学综合体。

教学综合体内部通过多中心且相互渗透的空间，鼓励学生们积极探索，期待个体自主开发出不同的行为路径。在灵活多变、彼此共存的空间系统中，自发游戏、自发探索等多种形式活动相互交织、彼此触发，教学综合体的内部空间成为多样性活动的场所与日常游戏事件的空间。正如教育学家杜威（John Dewey）所说"教育即生活"。学校是一个容纳和激励孩子们学习和交往的微缩世界，是一个充满活力的日常生活的世界。[4]

以精心设计的场景化和叙事性空间，代替原本层级化、规训化的传统校园空间，以一种非纪念性的自由与思辨的行进，让身体与环境相感知。高效的教学综合体能在有限的用地中，创造无限的空间可能。

[1] 汪原. 非功能空间——作为一种方法的可能 [J]. 世界建筑导报, 2020, 12.
[2] 米歇尔·福柯著, 刘北成译. 规训与惩罚: 监狱的诞生 [M]. 北京: 生活·读书·新知三联书店, 2003: 186.
[3] 邵兴江. 学校建筑: 教育意蕴与文化价值 [M]. 北京: 教育科学出版社, 2012: 74-75.
[4] 张永和, 王志磊. 通用建筑学——与张永和谈学科基础、教育模式及校园设计 [J]. 时代建筑, 2021, 2.

中庭空间轴测

苏州吴江盛泽是中国的纺织工业重镇，有很多女性工作人员，因此学龄前儿童也相对较多。幼儿园共有27个班，预留3个班，是一个规模较大的幼儿园。用地位于两条城市干道的交叉处，外部环境不太理想。为了能相对改善孩子们的空间环境，设计仅保留了设计规范中所必须的室外活动空间，而将部分外部空间转到内部，在里面做一个相对安静而又更具安全感与实用性的空间。

内部空间是一个连续3层的挑空中庭，中庭内宽大的台阶，既是一层通向二层的阶梯，也是孩童们休息、游戏、交往及观看表演的看台。空间中明黄色的弧形天窗把光线二次引导下来，柔和的光线带着阳光的温暖散向地面。中庭两侧墙面上简洁现代的开洞结合明快活泼的色彩，既是形式上的需要，也是行为上的需要。通过中庭，二层与三层的活动与一层产生连接，形成一个以中庭为中心的复合空间综合体。

这种内部中庭，不同于单列式教学单元，是一种同时具有凝聚力与围合感而且完全自由开放的空间，充满偶然性与随机性。幼儿们在游戏与玩耍中健康成长，从而开启幼儿对空间与色彩的记忆之门。

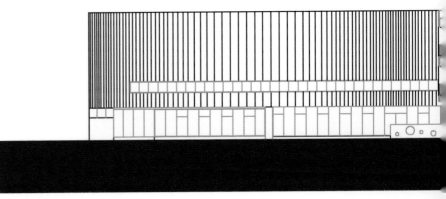

中庭空间剖面

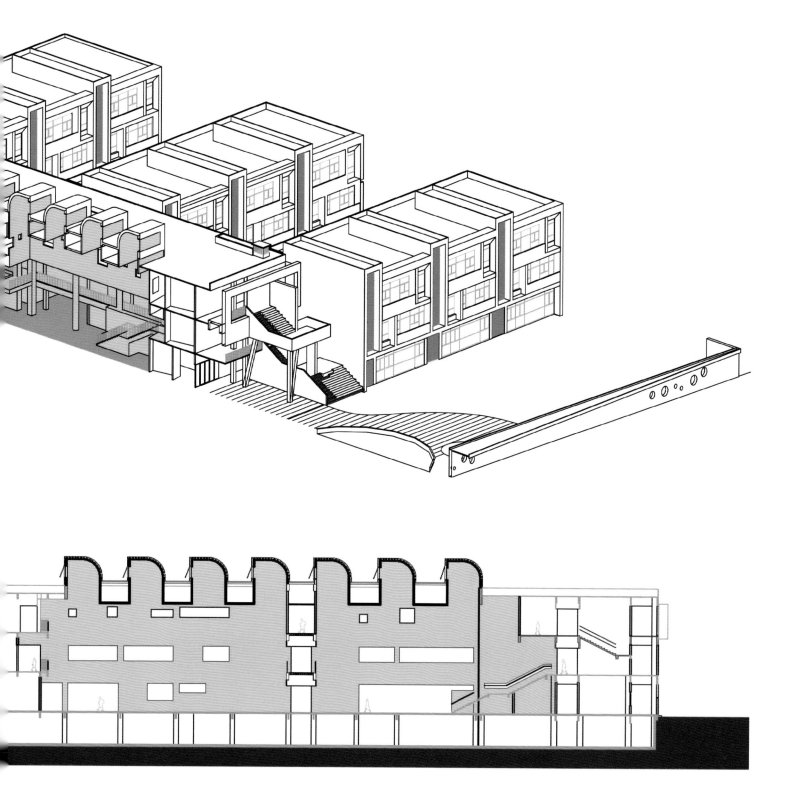

活泼的开放中庭

共享中庭顶部的侧向采光天窗

由三层处侧墙上的洞口看向中庭

空间丰富的校园综合体

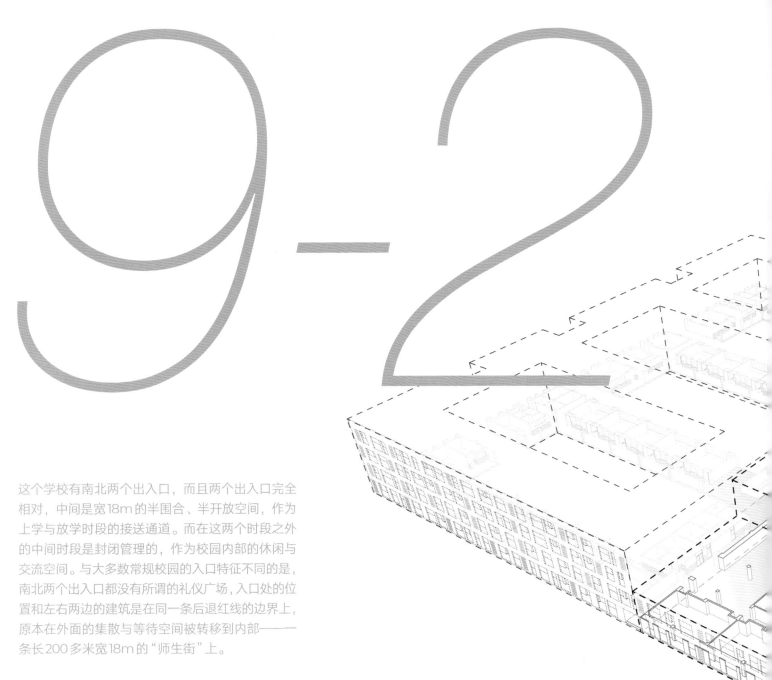

这个学校有南北两个出入口，而且两个出入口完全相对，中间是宽18m的半围合、半开放空间，作为上学与放学时段的接送通道。而在这两个时段之外的中间时段是封闭管理的，作为校园内部的休闲与交流空间。与大多数常规校园的入口特征不同的是，南北两个出入口都没有所谓的礼仪广场，入口处的位置和左右两边的建筑是在同一条后退红线的边界上，原本在外面的集散与等待空间被转移到内部——一条长200多米宽18m的"师生街"上。

"师生街"东侧的下部是餐厅、舞蹈教室、羽毛球馆、乒乓球馆以及美术教室与美术陈列等相对公共的功能，上面是报告厅与风雨球场。作为中间"师生街"半开放空间的扩充与延展，"师生街"的西侧从南到北布置了3个架空的没有具体功能指向的"非功能"大厅。

南侧大厅的上部3层为图书馆，下部完全架空，大厅中通风良好，是很好的等待与缓冲的空间。中间大厅的上部三层为阶梯教室，下部与南侧的处理方法相同。北侧的大厅属于幼儿园，上部三层为多功能厅。二层架空处有玻璃围合，底层处的台阶是一个全天候开放的阶梯教室。中间的"师生街"与这两侧多元化空间一起形成了一条空间复合而又功能多样的半开放式街道。

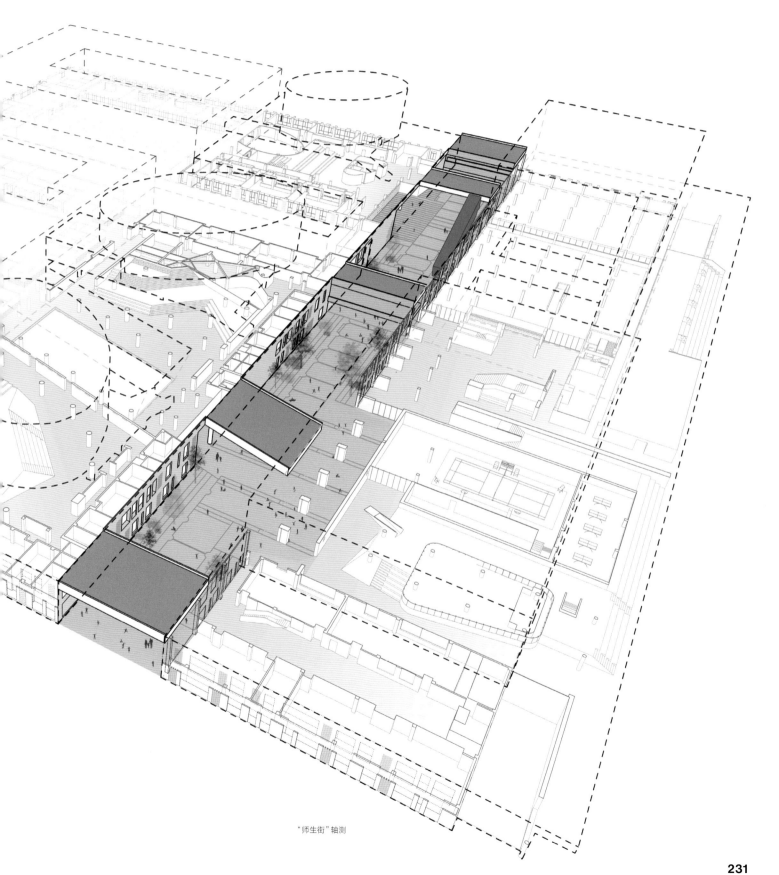

"师生街"轴测

小学南侧部分共享大厅

小学北侧部分共享大厅

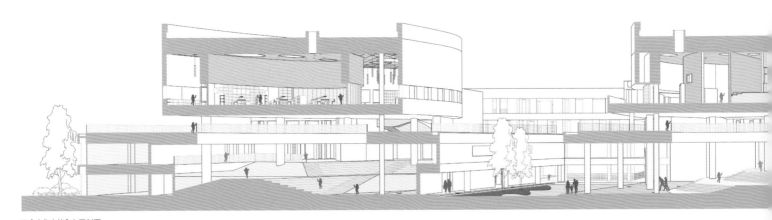

三个"非功能"大厅剖面

北部幼儿园入口共享大厅

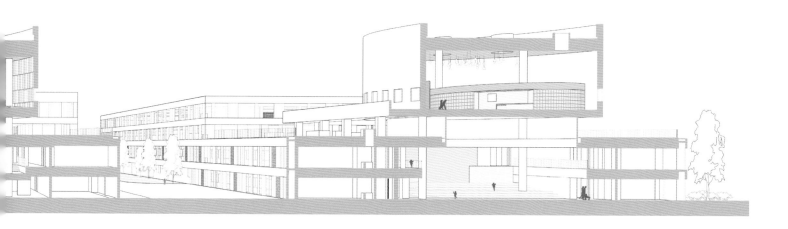

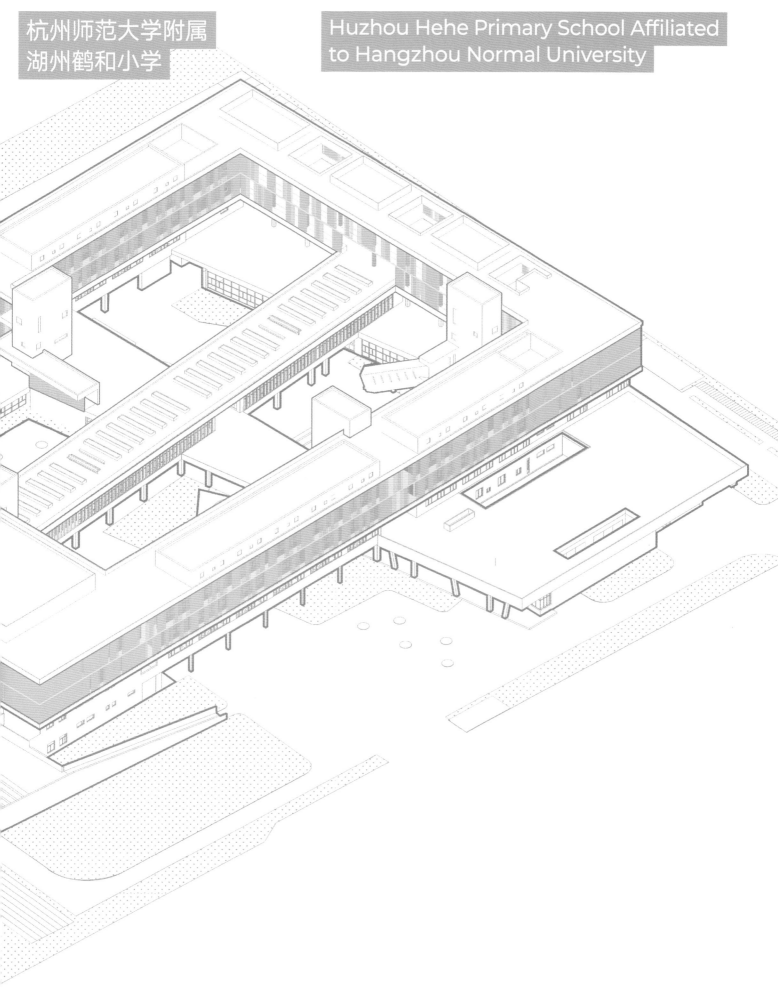

从南北连廊中的景窗向西看西侧北部的院落

杭州师范大学附属湖州鹤和小学是通过体量叠加与空间链接的方法创造了一座立体复合式的教学"综合体"。在紧凑的用地上，没有为外部广场留有过多空间，而是转向内部为素质教育寻求更多空间上的可能性。建筑总体布局呈合院形式，分为上、中、下三个主要部分：底座、空中合院与中间书廊。底座部分主要由餐厅、家校交流区、美术教室、书法教室、舞蹈教室、体育活动室、多功能教室、合班教室等一些公共性较强的空间组成。其间还有加宽的展示走廊，架空的灵活展墙等文化空间。底部形成两个院子，通过架空与露天院落景观彼此渗透。空中合院是学校日常教学的主要场所，包括普通教室、多功能特色教室、教师办公室以及东侧的风雨操场与报告厅。空中合院与底层院落共同组成一个层次丰富的立体书院。书廊即图书馆，东西向穿插在这个合院中间，打破了传统图书阅览室严肃的仪式性，让阅读成为一种快乐的日常与休闲。

与三、四层形式与功能有清晰的一一对应关系不同，一、二层空间中的功能很多是模糊的与不确定的，功能可以由老师和同学们在使用过程中自主定义。很多空间的分隔界面是模糊的，甚至有些根本上就没有分隔，或仅由透明的玻璃分隔。行为路径与功能分区也是模糊的，或者说整个一、二层的平面中就没有传统意义上相对明确的功能流线，没有特别强调的主要出入口，而是四边皆有开口，没有明确的流线导向，只有均质的前后左右。弥漫的空间与相互交织的流线是一、二层空间与行为组织的重要特征，明确地定义空间与行为的开放性和不确定性。鹤和小学通过丰富的公共空间与开放空间为师生们建立了友好的交往界面，通过积极的行为"诱导"，以"非功能空间"为主导方式，以素质教育为优先姿态，"倒置"了原本的日常性教学功能，并重新定义了新的教学模式与校园空间形态。

底层架空的立体复合式教学"综合体"

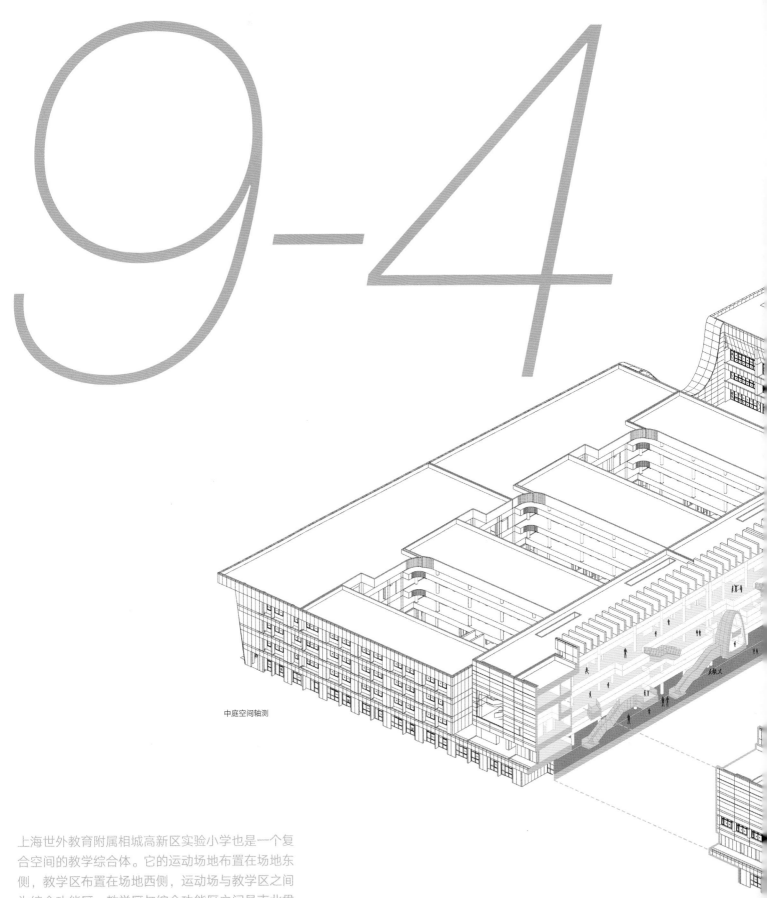

9-4

中庭空间轴测

上海世外教育附属相城高新区实验小学也是一个复合空间的教学综合体。它的运动场地布置在场地东侧，教学区布置在场地西侧，运动场与教学区之间为综合功能区，教学区与综合功能区之间是南北贯通的校园中庭。中庭既是整个校园的交通枢纽，也是整个校园重要的公共活动空间，同时连接并激活校园两大主体功能。

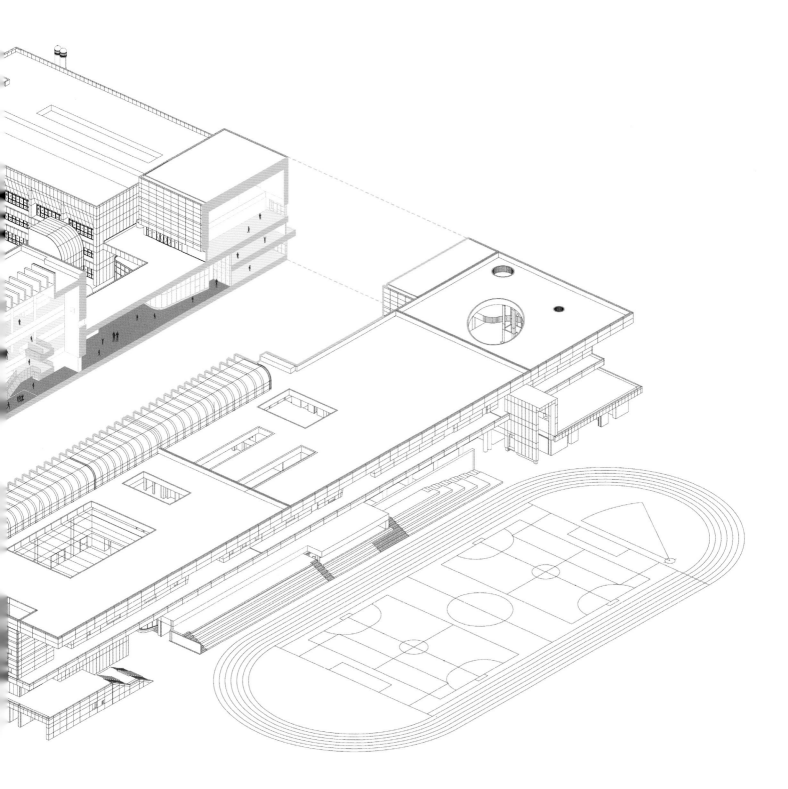

共享中庭

开放活泼的主立面

240

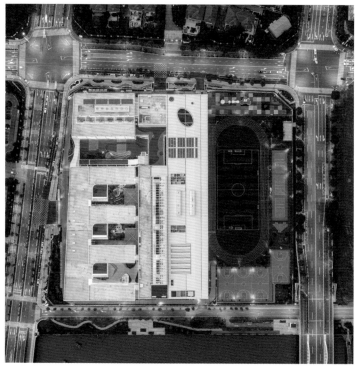

校园鸟瞰

夜幕下鲜亮活泼的校园立面

舟山市普陀小学及东港幼儿园

乐高积木组合

和很多小朋友一样，我们家小朋友也是从小就喜欢乐高玩具。乐高有很多是具象的定型玩具，比如伦敦桥、悉尼歌剧院或纽约古根海姆博物馆等知名建筑物，也有一些如汽车、轮船等运输工具。乐高还有一种基本模块，小朋友们可以按照自己的兴趣与想象，或随意或创意性地搭建自己喜欢的东西。

可能也是受我日常工作的影响，我们家小朋友很喜欢用乐高搭建各种各样的建筑。当时正好在设计舟山的这两个建筑，一次偶然间，看到他在客厅地上刚刚搭好和搭了一半的几个建筑，突然觉得如果能用乐高的概念设计这两个学校，像城市玩具一样融入城市公共空间之中，是不是也非常有趣。其实当时的方案已经有过两次汇报，大的方向也已基本稳定，正在进行第三轮修改与完善。突发奇想之后，我直接按照乐高的基本特征，完全重新设计了两个新的方案。非常欣慰的是，这两个方案都得到当地领导与相关负责人的一致认可。

本来方案只需局部修改就可以直接汇报，决定完全重新按照新的方向设计后，时间就非常紧张。再加上乐高的色彩比较鲜亮，特征性也非常强，而我也完全不能确定这种全新的乐高概念能不能得到相关方面的认可。所以在新的设计中采用了非常简洁与高效的平面布置方法，功能也高效集约化。而将表达的重点全部集中在立面上的乐高色彩拼搭的组合方式上。事实证明，这种方正简洁的立面，反而是最容易突出乐高最基本的拼搭肌理。

如果说其他学校设计中选择高效复合的教学综合体是以功能与空间为优先原则的话，那么舟山普陀小学与东港幼儿园这两个建筑，则是以外部形式为优先原则后的明智选择。

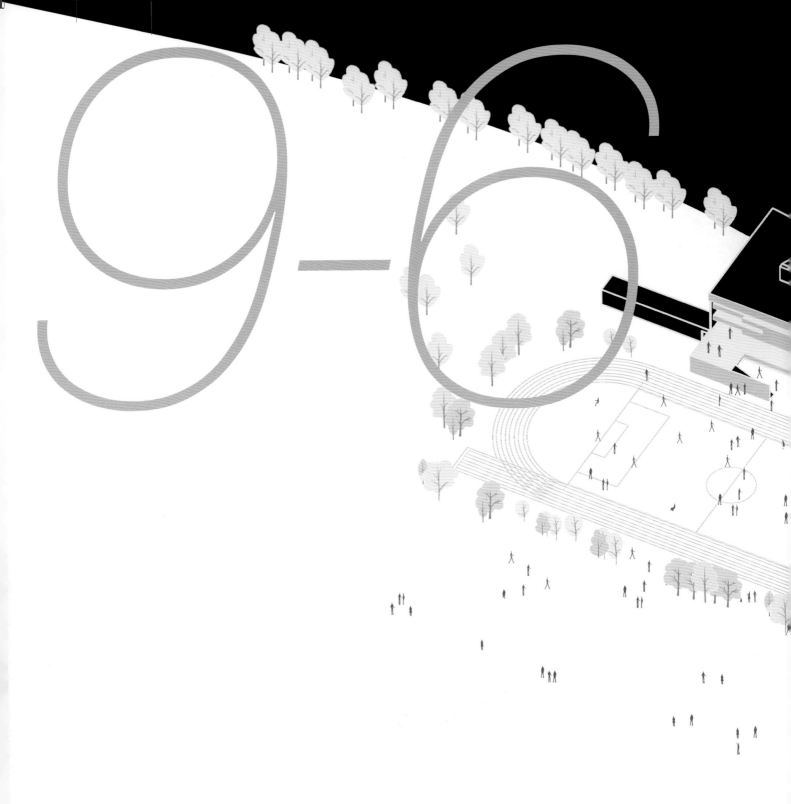

9-6

南通市能达中学的用地南北方向上比较狭长，西侧是一个线性的城市中心公园。所以总图设计中，将跑道、篮球场、排球场等开放的体育活动场地沿着西侧布置，试图与西侧的城市公园融为一体。校园的核心建筑则靠东侧，并沿西侧的运动场所展开。建筑沿西侧加宽的连廊是这所学校最大的特征，它既是观看球场与操场上体育活动的空中看台，也是向西欣赏城市公园与落日余晖的空中游廊。从北侧校园的主要入口进入后，是一个5层通高的、有顶部采光的入口门厅，门厅内有很大的台阶，可将人流直接引导至二层或三层。门厅与"游廊"既是师生们到达不同功能空间的通行路径，也是下课时休息与交流的开放场所。它将所有的教室以及东侧的图书馆、报告厅，同西侧的风雨球场充分地连接成一个整体，形成了一个高效而复合的教学综合体。

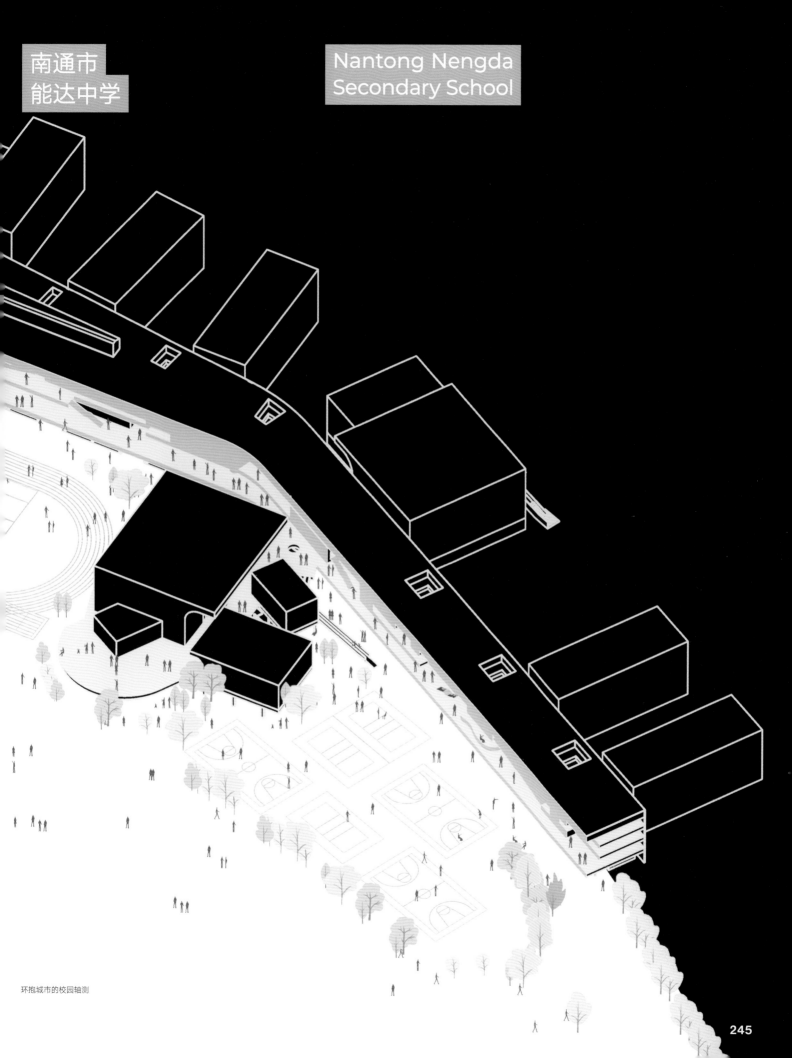

环抱城市的校园轴测

环抱城市公园

空中游廊

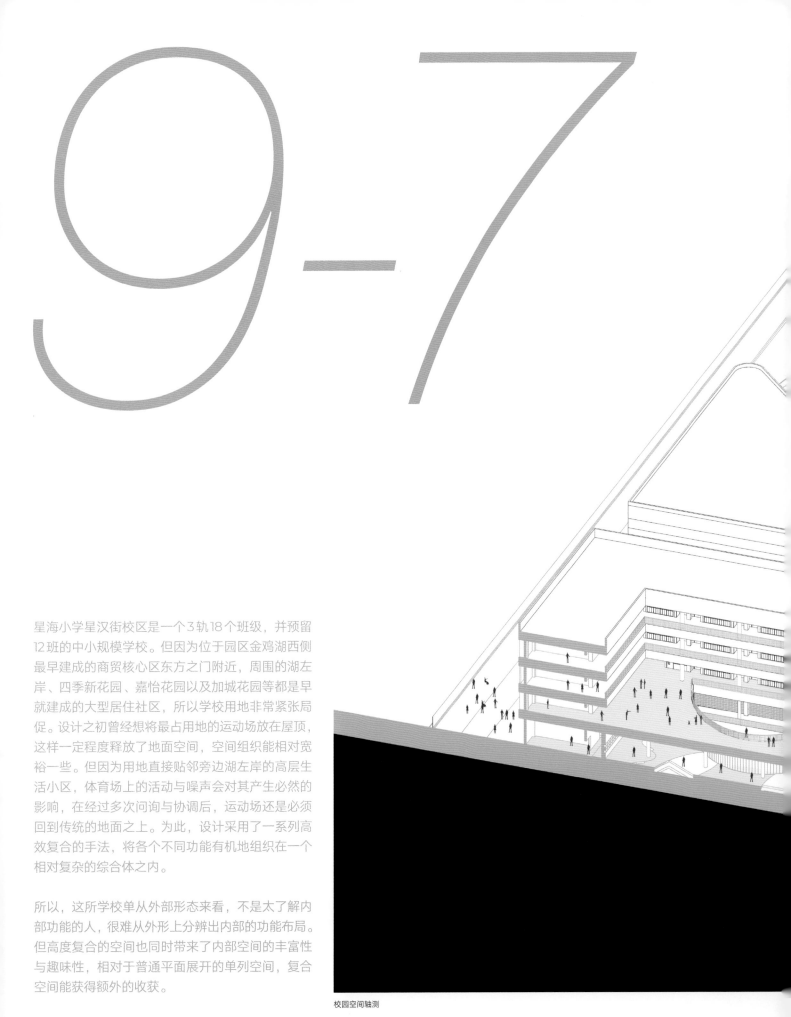

星海小学星汉街校区是一个3轨18个班级，并预留12班的中小规模学校。但因为位于园区金鸡湖西侧最早建成的商贸核心区东方之门附近，周围的湖左岸、四季新花园、嘉怡花园以及加城花园等都是早就建成的大型居住社区，所以学校用地非常紧张局促。设计之初曾经想将最占用地的运动场放在屋顶，这样一定程度释放了地面空间，空间组织能相对宽裕一些。但因为用地直接贴邻旁边湖左岸的高层生活小区，体育场上的活动与噪声会对其产生必然的影响，在经过多次问询与协调后，运动场还是必须回到传统的地面之上。为此，设计采用了一系列高效复合的手法，将各个不同功能有机地组织在一个相对复杂的综合体之内。

所以，这所学校单从外部形态来看，不是太了解内部功能的人，很难从外形上分辨出内部的功能布局。但高度复合的空间也同时带来了内部空间的丰富性与趣味性，相对于普通平面展开的单列空间，复合空间能获得额外的收获。

校园空间轴测

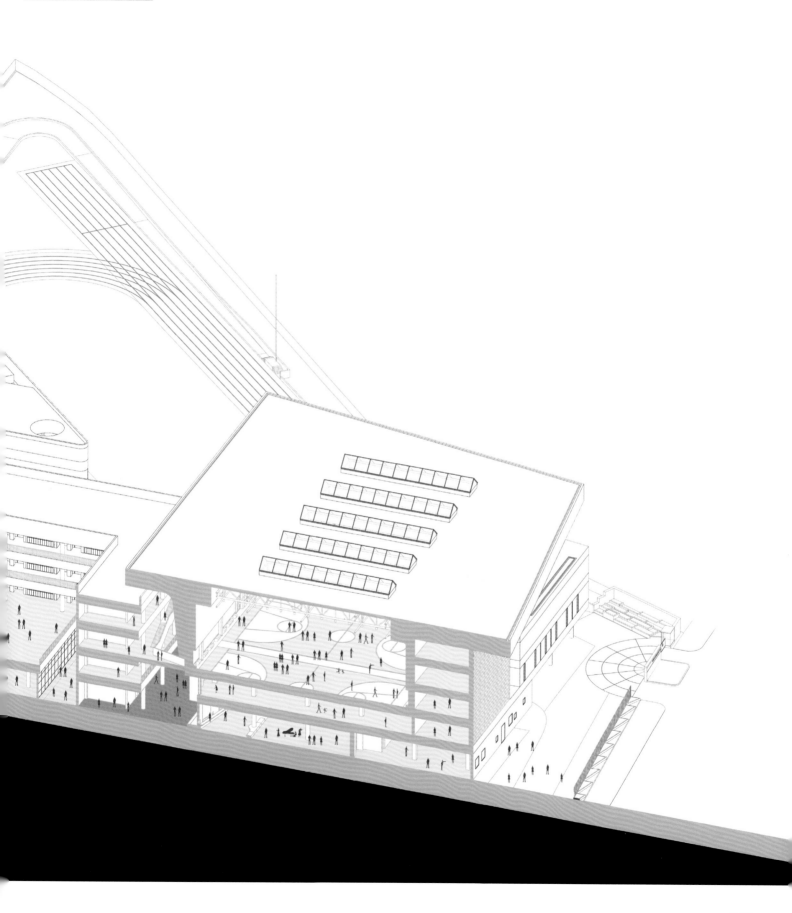

高密城市下的集约校园

夜幕下的校园入口空间

自由开放的中庭

2002

苏州工业园区职业技术学院老校区三、四期

2003

无锡南洋职业技术学院

2006

江苏省苏州技师学院

2008

苏州市实验小学

四川省绵竹市孝德中学

2009

江苏省昆山第一中等专业学校

苏州工业园区职业技术学院新校区

苏州科技城青山绿庭幼儿园

四川省绵竹市天河小学

2010

浙江省宁波新城第一实验学校

2011

苏州市昆山凤栖幼儿园

苏州市昆山鹿城幼儿园

安徽省宣城市郎溪县特殊教育学校

安徽省宣城市郎溪县第三小学

江苏省昆山中学实验艺术大楼

苏州市盛泽镇实验小学幼儿园

苏州市常熟周泾幼儿园

2012

苏州市昆山巴城镇年丰幼儿园

宿迁洋河新城九年义务教育学校

苏州市吴中区郭巷中学

2013

苏州市张家港凤凰科文中心、小学以及幼儿园

苏州市昆山花桥徐公桥小学

2014

江苏省黄埭中学改扩建

苏州市昆山花桥集善幼儿园

苏州市昆山花桥集善中学

苏州高新区星韵幼儿园

安徽省宣城市郎溪县惠园学校

苏州市昆山千灯镇培江幼儿园

2015

苏州湾实验小学及幼儿园

杭州师范大学附属湖州鹤和小学

苏州市昆山花桥黄墅江幼儿园

西安汽车职业大学

苏州市横塘中心幼儿园

苏州工业园区昱园幼儿园

苏州工业园区第三实验小学

扬州市梅岭小学花都汇校区

淮安生态新城实验幼儿园

淮安生态新城实验小学新城校区及初中

2016

苏州高新区成大实验小学

苏州市昆山城北中学扩建

苏州工业园区钟南街幼儿园

苏州市教育科学研究院附属实验学校

2017

苏州市昆山柏庐高级中学改造

南京市河西南部（5 号地块）九年一贯制学校

苏州市昆山花桥金城小学

苏州高新区景山高级中学

南京市生态岛金陵中学附属初级中学

南京市生态岛金陵中学附属小学

苏州市玉山幼儿园

苏州高新区滨河路幼儿园

苏州高新区滨河路小学

浙江省宁波市轨道绿城杨柳郡幼儿园

苏州科技城西渚实验小学

苏州市相城区元和街道庆元幼儿园

2018

江苏省六合高级中学改扩建

浙江省绍兴市上虞区曹娥街道鸿雁幼儿园

浙江省绍兴市上虞区第一实验幼儿园

苏州市昆山合兴路幼儿园

南通市海门区东洲国际学校长江路校区

苏州市吴中区石湖实验幼儿园

南京市六合区第一幼儿园

南京市六合区六城幼儿园

苏州工业园区星海小学星汉街校区

苏州市昆山花桥中学

南京市六合区复兴路初级中学

苏州高新区新浒幼儿园

2019

南通市如皋师范第二附属小学

苏州大学高邮实验学校

南京市金陵华兴实验小学

苏州工业园区星海实验中学沈浒路校区

河北省邯郸市产教融合实训基地项目

苏州市浒墅关经开区文韵实验幼儿园

南京市六合区程桥高级中学新建体育馆

2020

华东师范大学附属常州西太湖学校

浙江省舟山市普陀小学及东港幼儿园

南通市实验小学振兴路校区

苏州市昆山巴城高级中学

2021

南通市能达中学

上海世外教育附属相城高新区实验小学

江苏省苏州中学东校区

南京市上坊新城中学

江苏省无锡天一中学宛山湖分校

2022

徐州市沛县文景学校

浙江省湖州南太湖新区未来城未来一中

南京市浦口中等专业学校创业中心及风雨操场食堂综合体

上海师范大学附属湖州实验学校

南京市第一中学江北新区分校胡桥路校区

2023

苏州市昆山金沙江路东侧初中

南京市南师附中正方新城学校小学部

南京市浦口区新世纪幼儿园

四川省绵竹市城南小学

四川省绵竹市城东小学

四川省绵竹市城东初级中学

苏州市吴江程开甲少年书院

图书在版编目（CIP）数据

教育空间的教育意义= Educational Significance of Educational Space / 张应鹏著. -- 北京：中国建筑工业出版社，2024.6
ISBN 978-7-112-29835-8

I. ①教… II. ①张… III. ①教育建筑—建筑设计—研究 IV. ①TU244

中国国家版本馆CIP数据核字（2024）第088892号

责任编辑：徐明怡　徐纺
责任校对：王烨
装帧设计：七月合作社

教育空间的教育意义

Educational Significance of Educational Space

张应鹏　著

*

中国建筑工业出版社 出版、发行（北京海淀三里河路9号）

各地新华书店、建筑书店经销

北京雅昌艺术印刷有限公司印刷

*

开本：965毫米×1270毫米 1/16　印张：16　插页：9　字数：480千字

2024年7月第一版　2024年7月第一次印刷

定价：188.00元

ISBN 978-7-112-29835-8

（42982）